人造飛碟的科學知識

假飛碟
才是真科學

Fake UFO, Real Science

成功大學
航太工程研究所 教授
楊憲東◎著

序言

　　缺少了外星訪客的地球，在浩瀚宇宙中看起來會是多麼孤單與無助。人們總是期待飛碟的出現、外星人的到訪，因此當飛碟的照片、外星人的影帶模糊不清時，人們寧願選擇相信；當目擊者的說詞似有矛盾，沒有說服力時，人們心中總還預留著三分的接受度。在感性與理性的夾擊下，飛碟與外星人總脫離不了其撲朔迷離的面貌，事件的真真假假、假假真真，造成信者恆信，不信者恆不信的現象。

　　真正的科學研究強調實驗的可重複性，並且所得實驗結果不因人、時、地、物的改變而有所變化。顯然地，對於飛碟的研究，由於缺乏可資實驗的本體，自然也無所謂可重複性的實驗結果。由於飛碟研究不滿足傳統的學術標準，所以被稱之為偽科學。這種「真飛碟是假科學」的論點其實反映了目前飛碟研究的困境與無奈：真正的外星飛碟縱使存在的話，如何能在公開的環境下，讓我們重複進行科學的檢測與實驗？

　　當真飛碟還被鎖在機密檔案裡時，飛碟世界的主場卻已經悄悄來到「假飛碟」身上了。半世紀以來，許許多多不明飛行物的目擊事件，扣除造假與誤判者外，剩下的不明飛行物的確都是飛碟，只不過它們是假飛碟—人造飛碟。事實顯示，一連串不同年代的不明飛行物的目擊事件，正是見證了一系列的人造飛碟發展史。

　　對於一般民眾將人造飛碟渲染成外星飛碟，官方單位其實樂觀其成，因為這樣有助於掩護機密計畫的執行，不會讓新型飛行器提早曝光。二十世紀的後半期就在「外星飛碟」煙幕彈的掩護下，各國暗地裡進行著各種人造飛碟的研發。時至今日，美國最先進的三角形飛碟飛行器 TR-3B，其實跟真飛

碟已快沒有兩樣了。

　　外星飛碟的飛行原理超越目前人類科學可以理解的範圍，但人造飛碟的飛行原理卻是已知物理定律的應用，它是看得到、可以理解的實際科學，所以我們說「假飛碟才是真科學」。本書的科學單元設計即是在為讀者整理分析人造飛碟背後的科普知識。至於「真飛碟」的飛行知識，就留給真正的飛碟專家去介紹了。

　　就像外星飛碟一樣，人造飛碟不僅要能在地表飛行自如，也要能夠深入太空，進行星際飛行，所以它的設計與製造牽涉到從地球到太空的多樣性知識學科。當人造飛碟在地表附近飛行時，必須利用圓盤產生的升力去克服重力，這牽涉到的是空氣動力學的問題；當飛碟進入太空進行星際飛行時，必須克服數百、數千光年的距離障礙，這牽涉到噴射推進及時空旅行的問題。為了涵蓋人造飛碟跨越天地的廣泛科學知識，本書引入 21 個科學單元，配合 10 個科學實驗，並透過 103 個科學插圖，精彩解說飛碟飛天入地的原理。其中前 9 個單元介紹人造飛碟在地表飛行時，所需要用到的航空科學知識，後 12 單元則介紹星際飛行所牽涉到的天文及太空科學知識。

單元	科學主題	科學知識	科學實驗
1	外星訪客		
2	假飛碟才是真科學	假飛碟的多樣性科學	
3	遙控飛碟 DIY	康達效應	飛盤騰空實驗
4	人造飛碟與直升機的結合	電腦輔助設計、機構學、空氣動力學	兩用型飛行器的組裝與飛行測試
5	飛碟的誤判：隱形戰機	先進隱形戰機的發展	
6	納粹德國的人造飛碟	無葉片噴射發動機運作原理	舒伯格的「無煙無焰發動機」實驗
7	美國人造飛碟研製	美國空軍的三角形飛行器 TR-3B	
8	俄羅斯的埃基皮飛碟計畫	邊界層控制、向量控制、氣墊技術	
9	商業化的飛碟交通工具	飛碟機的設計	
10	宇宙時空路遙迢	先鋒 10 號無人探測船的星際之旅	
11	星際旅行的第一停靠站半人馬座阿爾法星	距離地球最近的系外行星	
12	星際航行計畫的實現核聚變火箭	代達羅斯星際太空船的設計	
13	百年星艦宇宙航行計畫人造太陽	人造太陽（核聚變）原理	國家點火設施：雷射核融合實驗（NIF）
14	逼近光速反物質火箭	反物質如何產生？	反物質偵測實驗
15	時空旅行指南狹義相對論	光速為何不變？	光速不變實驗

16	飛碟的飛行原理 1 時間變慢	時間為何膨脹？	自由落體實驗
17	飛碟的飛行原理 2 長度縮減	長度為何縮減？	光子時鐘實驗
18	飛碟的飛行原理 3 空間扭曲	空間如何扭曲？	孿生子時空旅行
19	企業號星艦的星際之旅	如何時空旅行？	
20	星際超級航艦—地球	你我都是太空人	跨越浩瀚宇宙的星際飛行模擬實驗
21	外星人與現代人類的起源	現代人類起源之謎	

　　地表附近的飛行因距離較短，飛行速度在聲速的等級，所以是屬於牛頓力學的範圍。利用牛頓力學的知識，我們將分析飛碟圓盤如何離地騰空而起，並透過簡單的壓力幫浦實驗，示範讓鋁箔圓盤騰空而起的康達效應。用看的，不如自己動手做一架！第 3 單元將教讀者如何 DIY 製作一架遙控飛碟，而且保證所用的材料在一般的遙控飛機模型店都買得到。

　　飛碟的起飛與傳統飛機、直昇機有何不同？其飛行性能的優越性在哪裡？這些是本書第 4 單元所要探討的主題。這一單元同時介紹一款結合飛碟圓盤與直升機旋翼片的新型遙控飛行器，它是由作者主持的飛行控制與模擬實驗室所研發。讀者將看到從學理分析、CAD 電腦輔助設計、CNC 工具機加工成型，到實際飛行測試的一系列遙控飛碟的研發過程。講解了飛碟飛行的基本原理之後，第 5 單元到第 9 單元將介紹各國載人飛碟的發展過程及現況。如果與一甲子前的納粹德國別隆采飛碟比起來，今日的人造飛碟無非就是外星飛碟的翻版。

　　在本書的後半段，人造飛碟將離開太陽系進入星際太空。星際飛行所跨越的距離是以光年計算，速度則提升至光速的等級，所以是屬於相對論

力學的範圍。一般的常識告訴我們，距離 100 光年的星球，人造飛碟縱使用光速飛行，也要 100 年才能到達。這樣的觀念稱為牛頓的絕對時空觀，在地球上適用，在外太空就不能用了。星際旅行時，時間與空間可以互相轉換，這使得飛碟可以用很短的時間飛越很長的星際距離。所以對時空轉換不熟悉的讀者，在體驗星際飛行之前得先翻閱一下本書第 15 到第 18 單元中所介紹的時空旅行指南 -《狹義相對論》。這些單元將透過簡單的高中物理實驗，解說奇妙的相對論效應：時間膨脹與長度縮減。

人類星際旅行的第一停靠站：半人馬座阿爾法星（南門二），它是離太陽系最近的恆星。星際旅行冒險小說經常出現這樣的劇情，當地球人口爆炸以致資源耗盡，或是遭到小行星撞擊而毀滅時，人類必須針對半人馬座的阿爾法星進行開發與殖民活動。這樣的情節可能成真，因為就在 2012 年，天文學家發現了半人馬座阿爾法星的外圍，真的運行著一顆像地球的行星。雖然載人的飛碟還未出發前往，但人類的先遣部隊 - 航海家 1 號無人探測船，卻早已啟程了（第 11 單元）。

關於載人星際飛碟的研發（第 12、13 單元），英國星際學會的伊卡洛斯星際航行計畫，以及美國的「百年星艦」宇宙航行計畫，繼承了 20 世紀代達羅斯計畫的理念，企圖製造一艘 5 萬噸級的巨型核聚變（核融合）飛船，能以 12% 光速飛行，預計花 100 年的時間抵達另一個恆星系統。核聚變飛船的研發不僅是星際航行成敗的關鍵，也關係到地球永續能源的建立。如今雷射核聚變在實驗室裡創造了以前只有在恆星內部深處才存在的情況。現在人類不再只是被動地接收來自外太空的太陽光來發電，而是直接在地球上建造人類專屬的太陽來發電。若將這人造太陽配置在太空船上，則數十光年、甚至數百光年的星際航行都終將被實現。

核聚變飛碟僅能達到光速的 12%，但若要進行時空跳躍，飛碟的速度必

需要能接近光速，這唯有啟動反物質火箭才能辦得到。本書第 12 單元介紹以反物質為燃料的星際飛碟。當正物質與反物質相互接觸時，會發生湮滅並以伽馬射線的形式釋放出大量的能量。太空中存在著許多反物質粒子，如果飛碟在飛行途中能夠持續收集並加以利用，飛碟將能永續飛行。為了揭開反物質的神秘面紗，丁肇中博士的反物質偵測器已於 2011 年安裝在國際太空站上，而偵測器的監控中心正設在中山科學研究院的龍園院區內。

　　以目前科技發展的速度，地球上的人類不出百年即可開發出星際旅行的人造飛碟，能夠到達太陽系以外的星球。當地球上的外星人還在虛無飄渺之中時，地球人反倒先成了他方星球的外星人；此時人造飛碟到了他方，則變成了名符其實的外星飛碟了。

　　在本書的第 19 單元，我們將乘坐企業號星艦進行一趟宇宙之旅。聯邦企業號星艦安裝有反物質動力系統，可實現曲速飛行、以光速抵達宇宙中任何一個地方。星艦內的電腦將按照《相對論》的公式，一一算出星艦每年可飛行的距離，並預測在星艦第 23 年時，飛抵 100 億光年遠的宇宙邊緣。雖然這一星際奇航只是模擬飛行，但可別忘了此時此刻，我們每一個人確實都位於一艘巨無霸星艦之內—地球。

　　地球號星艦跟隨著太陽以每秒 250 公里的高速繞著銀河系中心旋轉，還好有大氣層當防護罩，幫我們擋去了高速粒子、宇宙射線與隕石的撞擊。前面介紹的人造飛碟充其量只是地球號星艦的小型偵察機，所有的後勤補給都要由地球母船提供。母船內同時搭載著 70 億太空人，其內部有限的資源正被快速消耗著。身為太空人的我們應當好好珍惜，節省使用，多留一些資源給我們下一代的太空人吧！

楊憲東　2013 年春於台南

【目錄】

【目錄】

外星訪客

　　處在這樣一個擁塞緊張的生活環境裡，聽聽來自地球外面訪客的故事，確實能帶給人們桃花源世界的一點溫馨。也許並沒有人真正到過桃花源，但桃花源境界所帶給人們的遐思與期盼，使得我們寧願相信它的存在性。

　　人們對於外星人、飛碟、幽浮、星外訪客、超自然現象等之期盼也是相同的道理。先不管目前科學界對幽浮存在的各種正反意見如何，有誰會去刻意阻撓星外訪客這類假設（或事實）的存在呢？若真有外星人的存在，將確定人類在宇宙中並不孤獨，或許還有可能加入星系社會，使地球人成為真正的宇宙人。這是全體人類的夢想，若還真的有那麼一點蛛絲馬跡顯示外星生命是有可能存在時，可以想見這將帶給地球的人類多大的喜悅與鼓舞。

　　缺少聖誕老公公的耶誕節，將沒了幸福、感恩與歡樂的味道，這跟聖誕老公公的真假、存不存在，沒有直接的關聯。缺

圖 1.1《E.T.・外星人》1982 年 6 月 11 日於美國首映，至今已滿 30 年，是無數人童年的夢想，很多孩子看過之後都會幻想自己也有個這樣的 ET 朋友。圖片來源： http://so.uploadimage.cn/search/?l=cn&query=e%2Et%2E%CD%EA% D5%FB%B0%E6。

少了外星訪客的地球，在浩瀚宇宙中看起來會是多麼孤單與無助。因此當幽浮的照片、外星人的影帶模糊不清，或似有造假時，人們總還是期待那是真的飛碟；當目擊者的說詞似有矛盾，沒有說服力時，人們心中總還保留著三分的相信度；當大地藝術家故作神秘地在麥田上呈現他們的作品時，人們總寧願相信那是來自天外的訊息。宇宙太空是我們的終極故鄉，是我們心中的桃花源；當還不能身歷其境時，ET 外星人的電影與大地藝術的虛擬實境稍微寬慰了我們渴望的心靈。

　　1982 年由好萊塢導演史蒂芬 ・ 史匹柏所執導的溫馨科幻電

影《E.T. 外星人》[1]，正是反映了人類渴望有外星朋友的夢想。一個遺落在地球上的外星人與小男孩艾里奧特成了好朋友。艾里奧特瞞著媽媽偷偷收留下了孤獨無助的 E.T.，雖然言語上無法溝通，但是他們的感情卻跨越了外在的障礙而聯繫在一起；雖然在外型上，小男孩與 E.T. 有如此大的差異，但他們都有著一顆善良、渴望著愛和互相呵護的童心。孤獨的 E.T. 和同樣孤獨的艾里奧特成為了最好的朋友，於是他們都不再孤獨。他們之間的奇妙心靈感應，幫助小男孩克服萬難，有驚無險地將 E.T. 送回到了自己的星球。

電影《E.T. 外星人》給人們留下最深的印象就是那月圓之夜，小男孩在 E.T. 的幫助下，騎車騰空而起的畫面。從此以後，圓月和騰空騎車的身影成了這部電影的經典畫面。如今 30 年過去了，每當人們遙望夜空時，E.T. 與小男孩間美麗的友誼仍彷彿出現在圓月之中。小男孩艾里奧特就是全體人類的縮影，小男孩與 E.T. 間之友誼反映了我們對天外訪客的期待與善意。

根據蓋洛普民意調查的結果，相信幽浮外星人存在的比例遠遠超過不相信者的比例，這樣的調查結果是可以想見的。縱使有

1.E.T. 是 Extra-Terrestrial 的縮寫，代表『本地球之外』的意思。

人持反對意見，而且掌握一些不利於幽浮存在的一些證據，在學術的抗辯上也許獲得一時的勝利，但在內心深處證實桃花源（天外訪客）不存在，總是不是一件令人愉快的事情，尤其在這麼一個擁塞紛擾的生活環境裡。

《ID4 星際終結者》（Independence Day，常簡稱為 ID4）是美國 1996 年上映的一部科幻片，導演是羅蘭 • 艾默里奇，劇情大綱是阻止外星人入侵為主題。7 月 2 日，一艘巨型的太空飛船（外星人的母船）進入地球軌道，並釋放了三十多個小型飛船（子飛船 / 子船）進入地球大氣層，停留在世界幾大城市上空，造成人們的恐慌。外星人再利用小型飛船上的先進的定向攻擊武器，摧毀了許多大城市，美國總統托馬斯 • 惠特莫爾（比爾 • 普爾曼飾）等人也乘坐空軍一號僅僅僥倖從被摧毀的華盛頓中逃出。可以駕駛外星人的戰機將電腦病毒植入母船的控制系統內，使能量盾失效，同時還可以向母船發射核武器。

在近幾十年來幽浮事件的討論中，充斥著大量的照片、影片與目擊者報告，再加上人們主觀上夢想與期待的投射，使得幽浮事件真真假假、假假真真，信者恆信，不信者恆不信。真正的學術研究強調實驗的可重複性，並且所得實驗結果不因人、

時、地、物的改變而有所變化。顯然地，對於幽浮存在性的研究，由於缺乏可資實驗的本體，自然也無所謂可重複性的實驗結果。因為幽浮研究不滿足嚴格的學術標準，所以有些人稱之為偽科學。

　　不過我們不要忽視了心識的力量，佛家認為萬法由心生，我們所處的現象界，正是全體人類心識投射的結果。不管幽浮與外星訪客的真假，在人們大量意識的投射下，就連幽浮的影子也有可能擬塑成具體的事像。在《相對論》的質能互換原理下，不僅是質量可轉換成能量，能量也可逆轉成物質。心念的投射與聚焦可產生能量，更何況是全球人類心念的投射，其所產生的巨大心識能量適足以幻化成具體的物質。

　　順著這個觀點來分析，我們自然能夠明白為何美國空軍的戰鬥機為何越來越有飛碟的味道；我們自然能夠明白為何麥田圈越來越精細複雜，越來越有「天外訊息」的味道，因為這些持續性的改良都是集體心識的力量在背後推動著。如果有一天人類的戰鬥機造的跟飛碟一模一樣，我們還需要去論辯幽浮的存在性嗎？如果有一天大地藝術家們所製作的麥田圈與自然天成的麥田圈一模一樣時，我們還需要去論辯麥田圈的圖案真的是「天外訊息」的展現嗎？

假飛碟
才是真科學

- -

UFO （Unidentified Flying Object）是不明飛行物的簡稱，譯成幽浮。在一般人的觀念裡，幽浮就是外星訪客所搭乘的飛行器，幽浮現在似乎變成了外星人的代名詞。其實幽浮的本意就像其原來的英文字義，只是用來表達無法識別的飛行物，與外星人沒有直接的關聯。一般大眾用肉眼目擊或用照相機、攝影機所拍攝到的所謂「不明飛行物」，當透過精密儀器解析影像後，大部分都變成了可識別的飛行物，例如民航機、戰鬥機、飛船、發光氣球、人造衛星、隕石、遙控飛機等等。

那些連科學儀器都無法判別的「不明飛行物」又可以分成二大類：

1. 碟形飛行器：亦即俗稱的飛碟，20 世紀中葉前的飛碟事件

圖 2.1 1996 年電影《ID4 星際終結者》（Independence Day，威爾史密斯主演）中出現的超大型飛碟母船。圖片來源： http://hypesphere.com/?p=4963。

似乎都能和外星人扯上關係。那個時代沒有電子媒體、沒有網路，資訊只能透過報紙與廣播電台傳播，導致事件的真假經常變成是一場羅生門。倒是希望飛碟墜落事件發生在今天，那麼在全球現場直播以及各種電子媒體在不同角度、不同解析度的監視之下，飛碟與外星人的真真假假即無所遁形了。如果是真的，則可透過高解析度的畫面以杜悠悠之口；如果是假的，就該讓飛碟與外星人事件儘早塵埃落定，不要三不五時就重播一次半世紀前的戲碼。

在缺乏具體新事證之下，目前爭辯飛碟的真假實在沒有意義。然而當真飛碟還在虛無縹緲之處時，飛碟世界的主場卻已經悄悄來到「假飛碟」身上了。這裡所說的假飛碟就是人造飛碟，20世紀中葉以後出現的飛碟，幾乎都是人造飛碟。美國最先進的三角形飛碟飛行器 TR-3B（參見第7單元的介紹），其實跟真飛碟已沒有兩樣了，其飛行性能也遠遠超越德國早期的別隆采圓盤。

這些「假」飛碟的製造用到的全都是最先進的航空技術，所以我們說假飛碟才是真科學，本書的單元設計即是在為讀者解說人造飛碟背後的科普知識。至於「真飛碟」，就留給飛碟專家去傷腦筋了。

2. **隱形戰機：** 幽浮是很好的煙幕彈，可以掩護一些軍事大國正在進行的新一代飛行器的研發，以免技術機密提早曝光，被競爭國趕上。例如美國洛克希德公司於 1950 年代製造的U-2 偵察機，直到 1960 年遭蘇聯擊落而曝光，在此之前已飛行了 8 年，常被當作是不明飛行物。另外還有一些常被誤判為不明飛行器的最新隱形戰機，我們將會在第 5 單元中介紹。

UFO

　　關於 UFO 與外星人的最新資料是 2012 年美國聯邦調查局（FBI）公布的一份探員備忘錄，證實 1947 年的確有三架 UFO 墜落，每架裡面更有三具外星人屍體。但如所預期的，這份個人證詞及相關的模糊照片還是無法說服那些不相信飛碟的人。以下我們整理了歷年來關於 UFO 與外星人的文獻報告，但是要注意的是，這些報告所描述的內容都是基於目擊者的個人說法，我們很難再進一步確認它們的真實性。

● 目擊者所見的飛碟形狀 [1]

1. **超小型無人探測機**：直徑三十公分左右，會飛進房屋內，通常為球型或圓盤型。

2. **小型偵察機**：直徑在一到五公尺左右，有人目擊此型飛碟降落，並走出外星人，在周圍進行調查。

3. **標準型聯絡船**：為最常見的 UFO，可能是外太空與地面間的聯絡船，地球人被拐架到飛碟的事件，幾乎都是此型飛碟。

4. **大型母船**：直徑由幾百公尺到數千公尺，以圓筒型及圓盤型居多，出現的高度在一至二萬公尺，沒有降落在地面的目擊案例。

1.《飛碟新探索》，江晃榮著，帝教出版社，1993 年。

● 各國官方幽浮機密文件

1. 2001 年 3 月美國中央情報局（ CIA）首次大規模解密 UFO 檔案，包括 1947 年美國本土首個目擊 UFO 檔案，在華盛頓州上空看到 9 個碟狀飛行物超高速飛過，一直到 1991 年的檔案。

2. 2008 年 2 月英國國防部公開首批 UFO 檔案，其中一宗被認為最可信的 UFO 事件，是 1977 年皇家空軍多名軍官在諾桑伯蘭看見一個巨型發光圓形 UFO 懸浮在海上，之後更分開變形，其中一部分變得像身體，有手有腳，雷達也偵測到這神秘物體。

3. 2009 年 3 月法國國家航天研究中心公開近半世紀 UFO 檔案，其中 1981 年普羅旺斯有農民看見直徑 2.5 米銀灰色飛碟降落田後飛走，留下燒灼痕跡。

4. 2011 年 3 月英國公開 1997 年至 2005 年 UFO 檔案，其中有目擊者稱 1989 年在倫敦看見外星人，外形像條有手有腳的藍色香蕉。

圖 2.2 1947 年 7 月 7 日美國新墨西哥州羅茲威爾市（ Roswell）居民目擊 UFO 墜落軍事基地附近的沙漠。飛碟呈圓形狀，中間拱起，直徑約 50 呎（15.2 米）。圖片來源 area51channel。圖片來源： http://holyeagle.com/personal/ docview.asp? docno=1341。

圖 2.3 在 1947 年美國新墨西哥州羅茲威爾市的飛碟墜落事件中，尋獲外星人的屍體，醫護人員正進行解剖工作的鏡頭。圖片來源：http://hkstudy.net/ufo/al /al.htm。

● 目擊者的現身說法

　　1947 年 7 月 7 日美國新墨西哥州羅茲威爾市（ Roswell）居民目擊 UFO 墜落軍事基地附近的沙漠，美軍起初承認發現了 UFO，更發表聲明說：「空軍第八大隊第 509 轟炸隊，幸運地取得該飛碟。」《每日紀事報》指軍方正安排檢查。UFO 墜落的消息隨即成為天大新聞，但隔天報章忽然轉口風，指墜毀的只是一個「帶著雷達反應器的氣象探測氣球」;同時美軍召開記者會，表明「根本沒飛碟這回事」，並禁止電臺播放相關消息。

　　一位參與當年解剖的華盛頓大學醫學博士出面作證，杜魯門總統當時下令回收 UFO 殘骸及外星人屍體，並指出外星人的特徵如下：

　　1.身高約一公尺到一.四公尺，手臂長到膝蓋以下。

　　2.眼睛大而深，眼眶凹入。

　　3.耳朵只在頭部兩側有凹洞，沒有耳殼及耳垂。

　　4.只有鼻孔沒有鼻樑，嘴巴很小，只有一道裂縫。

　　5.皮膚極厚，呈灰褐色光澤，全身無毛髮。

　　6.手指頭僅四根，沒有大拇指且沒有腳趾。

7.血液呈淡綠色，具強硫黃味。

8.沒有生殖器，四肢沒有肌肉層。

9.彼此長的很像，如同模型鑄造出來一般。

關於一九四七年美國新墨西哥州羅茲威爾市的飛碟墜落事件有關解剖外星人的所有過程（參見圖 2.3），美國空軍人員當時曾製作了一部長達 91 分鐘的影片。一名現已 82 歲高齡的前美國攝影師曾翻拷這部影片，將其交給一位他在美國遇見的英國紀錄片製作人。後來該影片輾轉到英國幽浮研究協會手中，並首次在 1995 年 8 月於英國北部雪菲德大學召開兩天之幽浮會議中播放。

將近二十年來，這部影片已在世界各地公開放映過，引起全球 UFO 迷的高度關注。對於全世界的飛碟迷而言，這部影片是支持飛碟存在的重要證據。該部十六釐米黑白片中有美國科學家解剖一具外星人屍體的鏡頭。其他部分則為飛碟殘骸的紀錄。該影片同時也交給柯達公司檢驗，證實影片材質的確是屬於 1940 年代的產品。

●2012 年 FBI 幽浮機密檔案解密

2012 年為美國新墨西哥州「羅茲威爾飛碟墜毀事件」65 週年，美國聯邦調查局（FBI）公布一份探員備忘錄（參見圖 2.4），證實當年（1947 年）的確有三架 UFO 墜落，每架裡面更有三具外星人屍體。

FBI 在名為「地窖」（The Vault）的網上資料庫，公開探員霍特爾（Guy Hottel）於 1950 年 3 月 22 日向 FBI 局長發送，標題為「飛碟」（Flying Saucers）的備忘錄。這一天已事隔羅茲威爾 1947 年初傳 UFO 墜落消息兩年多，駐守首都華盛頓 FBI 辦公室的霍特爾，

圖 2.4 FBI 在 2012 年公布名為「地窖」（The Vault）的網上資料庫，顯示探員霍特爾（Guy Hottel）於 1950 年 3 月 22 日向 FBI 局長發送名為「飛碟」（Flying Saucers）的備忘錄。
圖片來源：http://hkreporter.loved.hk/talks/viewthread.php? tid=1142338。

在備忘錄引述一名空軍調查員的證詞指出，當局確實在新墨西哥州發現三架飛碟，及多具穿金屬緊身衣的外星人屍體。

雖事隔 65 年，這份資料的部分內容與傳說中 1947 年發生於羅茲威爾的飛碟墜毀事件，不謀而合。霍特爾在備忘錄裡引述空軍調查員的話，推論美國政府在當地所設置的高性能雷達，干擾了飛碟的控制系統而導致其墜毀。

太空人米切爾博士是第六名踏足月球的人，1950 年他駐華府主管「太陽神十四號」計畫，曾於當年 3 月參與撰寫「飛碟」備忘錄。米切爾指出，除了 FBI 檔案之外，羅茲威爾事件是真的，外星人曾數度與地球人接觸，他表示在軍方和情報界都有消息來源，證明外星人造訪地球和 UFO 確實無誤。他表示在美國太空總署（NASA）工作時，得悉不少 UFO 造訪地球的消息，但多國政府卻選擇欺騙公眾，將消息隱瞞了六十年。八十歲的他形容外星人頭大眼大，個子比人類小，外型跟傳統中的印象差不多。他指出人類科技比不上外星人，如果外星人對人類有敵意，人類早就滅亡了。

2012 年除了 FBI 所公布的飛碟備忘錄外，一名前空軍中校法蘭奇（Richard French）自稱參與該次任務（參見圖 2.5），並

且利用電子脈衝武器打下 2 架飛碟。他表示事發時他正在羅茲威爾進行飛行訓練，軍方當時派出實驗飛機，發射電子脈衝擊中 2 架飛碟，飛碟隨即失去控制，直接衝撞地面。法蘭奇提到，當飛碟墜毀後，軍方立刻派人回收殘骸及屍體。他看過墜毀現場的照片，這些飛碟機身上刻有像是阿拉伯文字的銘文，就像是對每個成員的編號一樣。法蘭奇認為美國不願公開這項外星人活動的原因，主要是怕傷害人們對軍隊的信任，同時外星人存在的真相代表人類在宇宙中不是獨一無二，這事實也將損及歐美主要宗教信仰的威信。當然對於法蘭奇的說法，仍有部分專家質疑其真實性。

●中國古籍的記載

歷代天文志及地方志有不少關於天空神秘現象的記載：

- **宋**：西元 1226 年 4 月 13 日，空中有黃色的氣，從東北橫貫西南，其中有十幾個白色的物體飛來飛去，差不多維持了兩個多小時才消失。

- **明**：西元 1512 年 8 月 6 日夜，山東省招遠縣境，發現空中

懸浮了一條紅色的龍並發出火光，從西北往東南，盤旋而上，天空隨即傳來鼓聲。

- **清**：西元 1869 年 12 月 4 日，忽有雷聲振動，天空裂開一百多公尺，中有光芒閃爍，墜下一巨大物體，紅的像爐火，光芒照耀得如同白晝。

· 宗教經典的記載

舊約聖經中的耶和華（ELOHIM）一語，在古希伯來文中是指「從天空飛來的人」，因此有一派學者認為 ELOHIM 應是外星人[2]而「啟示錄」是外星人留給地球人的訊息。摩西、釋迦牟尼、耶穌、穆罕默德等先知都是 ELOHIM 外星人所派遣，到地球上來輔導人類正常成長的使者。

· 人類和外星人的第四類接觸

外星人在一九七三年曾主動接觸一位叫做雷爾的法國記者，透過他傳佈一些訊息。雷爾描述他被飛碟載往另一個行星，親眼看到外星人利用基因塑造新生命的經過。外星人還告訴他，構成人的原子內還存有其他具有智慧的生命；另一方面，地球

2.《聖經外星人》，呂應鐘著，http://www.thinkerstar.com/lu/essays/religion/bible.html

及其他所有的星球只不過是一個巨型生命裡的原子，而這個巨型生命也正在暝想，另一個天空裡是否還有其他生命存在。其他還有許多人類與外星人接觸的事件被拍成電影。

●飛碟究竟來自何方？

· **地球外文明說：**此說認為外星人乘坐 UFO 在宇宙旅行，於遠古時代並曾在地球上建立高度文明國家，後來離開地球，留下許多無法解釋的遺跡，如金宇塔。

· **秘密兵器說：**此說認為 UFO 可能是地球某一國所開發的祕密武器。

· **地球空洞說：**地球中心是空的，而有高度文明的生物住在裡面，UFO 是他們乘坐的飛行器。

· **水中文明說：**此說認為古代有高度文明的都市沉入水中，時常乘 UFO 到地面來。

· **時間旅行說：**此說主張 UFO 是超越時間障壁，由未來世界來到地球的。

· **超地球人說：**此說主張我們所住的三次元世界之外，有更高

次元的世界存在。縱使在同一地球上，也居住著許多次元不同的生物，而飛碟即是來自其他次元的飛行物。

- **集合無意識說：** 此說主張 UFO 並非來自其他世界，而是人類潛意識下的產物。

雖然每種說法都有其依據，但由實際的觀察紀錄，下列兩點應是比較沒有爭議的。（1）飛碟可以在三度空間和高度空間之間穿梭自如，所以飛碟可以在我們眼前突然出現，突然消失。（2）不管飛碟是來自與地球重疊的高度空間，或是來自遠方的空間，其必須具有時空轉換的能力，可以進入未來，可以回到歷史。

關於上面各個主題的討論，目前已有非常多的專業網站提供多元且深入的分析內容，有興趣的讀者只要輸入關鍵字，即可搜尋到數以萬計的相關資料。幽浮的研究一般人可能會覺得只是茶餘飯後的消遣娛樂，其實一位幽浮研究者要說服別人相信幽浮的存在，他所要涉略的學問可真相當廣，這至少包含下列幾門學問：太空科技、天文物理、天文生物、歷史學、考古學、宗教、靈學、相對論、噴射推進原理等等。

　　但是只要牽涉到「真飛碟」的研究，不確定性就來了。例如我們可以推論或假設飛碟的各種可能飛行推進原理，但是哪一種假設才正確呢？這就無人知道了，因為真飛碟的樣本實在太少，或者說是幾乎沒有，所以我們無法據以確認哪一種假設才正確。在一般的科學研究中，我們可以進行各種實驗來驗證哪一種假設才是正確的；但是在飛碟的研究中，我們卻沒有真飛碟可以拿來做實驗。這是飛碟研究無法建立公信力的主要原因。所以目前的情況是，真飛碟的研究反而變成了假科學。

　　但人造飛碟的研究就不一樣了，它是具體的飛行器，可以透過各種實驗去驗證並改良它的飛行性能，就好像我們在研發其他的飛行器一樣。人造飛碟的製作會運用到各種科學定律，並需要結合許多的科學知識，所以我們說，假飛碟（人造飛碟）才是真科學。

遙控
飛碟 DIY

人造飛碟的飛行原理是靠「康達效應」（Coanda Effect）。

當氣流由上方吹向飛碟，氣流會沿著碟身流動，降低飛碟上方的壓力並增加下方的壓力，於是飛碟便能昇空。這是噴射教父亨利康達（Henri Coanda， 1886-1972）所發現的效應。亨利康達並且在 1932 年於布加勒斯建造碟形飛行器，這是世上第一架人造飛碟。

●康達效應的水流實驗

康達效應主要描述了兩個流體力學的原理。第一個原理就是有名的白努利（Bernoulli）定律：流速較快的區域，壓力較低。如果用式子來表達，則成為

$$\frac{1}{2}V^2 + \frac{p}{\rho} = \text{定值} \tag{3.1}$$

其中 V 是流體的速度，p 是流體的壓力，ρ 是流體的密度。所以為了保持速度的平方加上壓力為定值，當速度大時，壓力

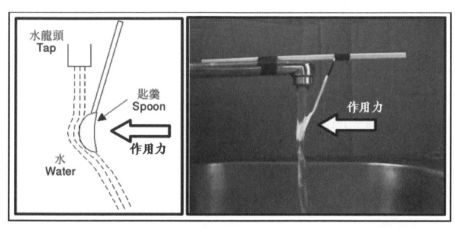

圖 3.1 康達效應是白努利定律的應用。速度較快者，壓力低。湯匙的左邊空氣隨水柱而下，速度快故壓力低；湯匙的右邊，空氣靜止壓力高。由於左右二邊的壓力差，使得湯匙受到一個向左的作用力，被推向水柱。圖片來源：http: //physlab.ep.nctu.edu.tw/DLAB/research/super_pages.php?ID=DLrh8&Sn=62。

就必須下降。當流體速度為零時，其壓力最大。

　　圖 3.1 的簡單水流實驗清楚呈現了康達效應。湯匙左側的氣流由於水柱的帶動，產生向下的速度，故壓力比常壓小。湯匙右側的氣流則接近停滯的狀態，速度為零，壓力等於常壓（一大氣壓）。因此湯匙右側壓力大於左側，故空氣產生一個向左的作用力，將湯匙往左推。

　　當湯匙被推往水柱時，我們看到了康達效應的第二個流體現象，本來垂直往下的水流，現在變成順著湯匙彎曲的表面而流動，從而改變了水柱的動線。這是因為水與湯匙之間存在有黏滯力，使得水「黏貼」著湯匙的表面而流動，而在湯匙的表面形成一層

邊界層流。不過水的黏滯效果有一定的極限,當湯匙與水柱的夾角過大時,水柱即會脫離湯匙的表面。

●康達效應的圓盤騰空實驗

現在我們利用康達效應來製造一個簡單的飛碟。我們將圖3.1中的水流改成空氣流,湯匙改成鋁箔碟罩。圖3.2展示一個利用康達效應使鋁箔碟罩騰空的實驗。來自壓縮機的高壓空氣(100 psi)導入塑膠管中,塑膠管的出口連接一個擴散圓盤,高速氣體沿著擴散圓盤水平噴射出來。根據康達效應,當碟罩面彎曲度變化不大時,空氣將會沿著鋁箔碟罩的表面而流動,於是氣流的流動造成了碟罩上方的氣壓低於常壓。反之,碟罩下方(亦即碟罩內部)的氣流近似停滯,其氣壓等於常壓。因此罩面下方的壓力大於上方的壓力,從而產生一向上的作用力,使得鋁箔碟罩騰空而起。此實驗是由 Jean-Louis Naudin 完成於 1999 年,實驗圖片取自其個人網站:members.aol.com/ naudin509。

根據實驗結果,加在鋁箔碟罩的向上作用力與來自壓縮機的空氣壓力成正比。塑膠管內的空氣壓力越大,從擴散圓盤噴出的氣體速度越快,在碟罩上方形成的壓力就越低(根據白努利定

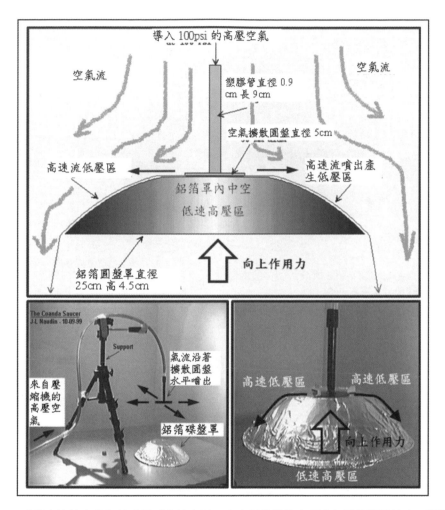

圖 3.2 利用康達效應使鋁箔碟罩騰空的實驗。來自壓縮機的高壓空氣導入塑膠管中，塑膠管的出口出連接一個擴散圓盤，高速氣體沿著擴散圓盤水平噴射出來，並流過鋁箔碟罩，造成低壓區。上、下壓力差使得鋁箔碟罩騰空而起。此實驗由 Jean-Louis Naudin 完成於 1999 年，實驗圖片取自其個人網站：members.aol.com/naudin509。

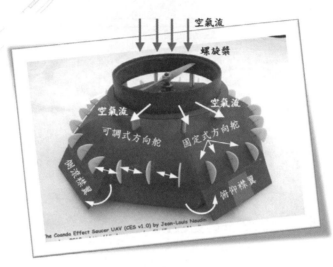

圖 3.3 由 Jean-Louis Naudin 所設計製作的遙控飛碟。碟身上的白色小葉片是方向舵，碟身下方可張開的部分是襟翼。

律），因此上、下壓力差越大。影響壓力差的另一個因素是碟罩表面的彎曲度（斜率），碟罩表面的斜率如果太大，將造成氣流無法全程貼著碟罩面流動，而提前分離。分離的氣流會造成擾動，使速度減緩，壓力增加，從而降低上、下壓力差的效果。

●遙控飛碟的實作

利用鋁箔碟罩騰空的實驗結果，我們可以進一步製作一架飛碟無人飛行載具（UFO UAV），其實體模型如圖 3.3 所示。此飛碟實體模型的基本結構其實與圖 3.2 中的鋁箔碟罩相似，唯一的

不同點是產生高壓氣流的方式。鋁箔碟罩的實驗是以壓縮機產生高壓氣流，而遙控飛碟是透過螺旋槳的旋轉將上方的空氣牽引下來。如圖 3.4 所示，被螺旋槳牽引下來的氣流流過碟身造成低壓區，上下壓力差使得飛碟騰空。

　　另外遙控飛碟比鋁箔碟罩多了控制的機制，它可以透過襟翼的打開角度來控制飛碟的左、右傾斜（側滾，rolling），前、後傾斜（俯仰，pitching），並透過方向舵來控制碟身的旋轉方向（偏航，yawing）。關於遙控飛碟的控制翼面，可分成四大類加以說明：

1. **固定式方向舵**：由於作用力—反作用力機制，螺旋槳的旋轉會造成碟身往相反方向的旋轉（anti-torque），固定式方向舵的功能就是要造成碟身旋轉的阻力。適當調整固定式方向舵的角度，使得碟身剛好不旋轉。一旦此角度確定後，就不再做調整，故稱其為固定式方向舵。如圖 3.3 所示，固定式方向舵總共有四組，每組三片，每組以間隔 90 度的安裝方式，環繞在碟身四周。

2. **可調式方向舵**：　固定式方向舵的作用是反抗螺旋槳，剛好

使得蝶身不轉；而當飛碟要做順時針或逆時針旋轉時，則是透過可調式方向舵的偏打角度來改變碟身所受到的扭矩方向。可調式方向舵的拉桿機構如圖 3.5 的中間右圖所示，拉桿的向左或向右拉，以及所拉的角度都是由壓電伺服器控制，而壓電伺服器又是接收來自地面的遙控指令。圖 3.3 顯示固定式方向舵與可調式方向舵以交錯的方式安裝在碟身的四周。

3. **俯仰襟翼：** 飛碟襟翼的功能與固定翼飛機的襟翼功能相同，都是用來增加翼面的面積以提高升力。如圖 3.5 中的右下圖所示，當前方俯仰襟翼打開後，有助於提升康達效應（氣流緊貼著碟身流過），增加向上的作用力。因而抬高了前方側的機身，使飛碟往後飛行。反之，如果後方俯仰襟翼打開，機身後方被抬高，飛碟則往前飛行。

4. **側滾襟翼：** 側滾襟翼的運作機制與俯仰襟翼完全相同，只是安裝的位置不同，側滾襟翼安裝在左右二側，造成機身向左傾斜或向右傾斜，進而產生向左或向右的側向移動。

　　圖 3.5 呈現飛碟無人飛行載具的機構設計及主要零組件。設計圖及組裝步驟參考網站：www.jlnlabs.org。圖 3.5 的上圖顯示

飛碟的立體透視圖。可以看到其底座呈現八邊形，其中的四個底邊是可移動的襟翼，另四個底邊是不可移動的機身結構。有四根拉桿連到可動襟翼上，控制其伸縮。四根拉桿的另一端則連到放在圓盤中心處的步進馬達。為了維持碟身姿態在水平的位置，利用二顆陀螺儀檢測機身的姿態角，其中一顆檢測前後的傾斜（俯仰運動），另一顆檢測左右方向的傾斜（側滾運動）。

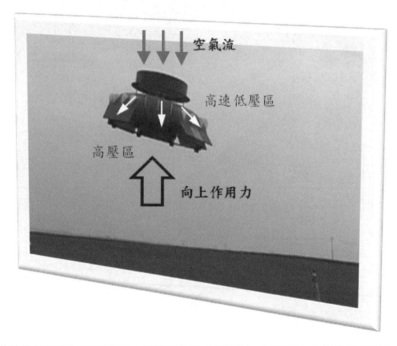

圖 3.4 螺旋槳的旋轉將空氣牽引下來，流過碟身造成低壓區，上下壓力差使得飛碟騰空，並透過襟翼的打開角度來控制飛碟的左、右、前、後傾斜（下圖）。圖片來源：http://diydrones. com /profile /JeanLouisNaudin。

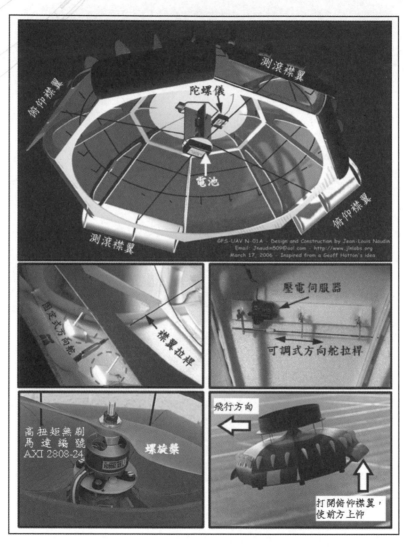

圖 3.5 飛碟無人飛行載具（UFO-VAV）的機構設計及主要零組件。設計圖及組裝步驟參考網站：www.jlnlabs.org。右下角的圖顯示飛碟飛行的情況，前方俯仰襟翼打開後，碟身前方受到向上的升力，使碟身後仰，進而向後飛行。

　　陀螺儀所檢測到的訊號再回授給步進馬達，帶動拉桿去修正襟翼的開展角度，以使得機身恢復水平的姿態。譬如當俯仰陀螺儀偵測到機身姿態向後方傾斜時（前高後低），這一訊號會傳給俯仰馬達去帶動俯仰拉桿，俯仰拉桿再收回前方襟翼，以減小機身前方升力，使得前後方升力相等，保持機身的水平。遵循同樣的機制，側滾陀螺儀的訊號回授給側滾襟翼，用以保持機身左右方向的水平。

人造飛碟與
直升機的結合

　　這一單元我們要介紹人造飛碟與傳統直升機的結合。圓盤飛碟的浮力是借助上下的壓力差所形成，而浮力又和圓盤的面積成正比（浮力＝壓力差Ｘ面積）。當圓盤的面積相對於機身大小的比例不夠時，單純靠圓盤的浮力將不足以支撐全機的重量。圓盤飛行器有其優點，傳統旋翼機（直升機）的好處更不用多說，如果能將兩者結合，說不定能產生更完美的飛行器。

　　以下我們介紹成功大學航太系飛行控制與模擬實驗室所研發的一款兼具旋翼機垂直起降與圓盤機高速巡航，雙重功能的全新概念兩用型飛行器[1]。

　　此兩用型飛行器的關鍵技術在於「同軸雙層圓盤旋翼」的機構設計（參考圖4.1），機身類似一般傳統直昇機，在機身上方裝置雙層圓盤，每片圓盤周圍各延伸出兩支旋葉片，兩層圓盤

1.劉文雄，『兩用型飛行器之改良與飛控系統之製作』，成功大學航太所碩士論文，1999年。

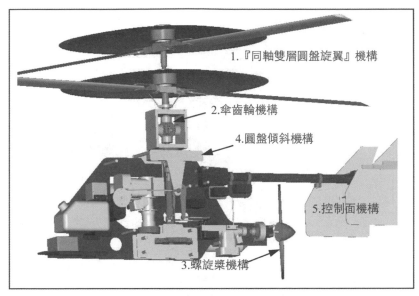

1.『同軸雙層圓盤旋翼』機構

2.傘齒輪機構

4.圓盤傾斜機構

5.控制面機構

3.螺旋槳機構

圖 4.1 成功大學航太所飛行控制與模擬實驗室所研發的一款兼具旋翼機垂直起降與圓盤機高速巡航，雙重功能的全新概念兩用型飛行器。圖中顯示此兩用型飛行器的五大基本結構。圖片來源：《兩用型飛行器之改良與飛控系統之製作》，劉文雄，成功大學航太所碩士論文，1999 年。

連同旋葉片由主引擎驅動朝相反方向轉動，目的在使兩層圓盤因旋轉而作用在機身上的轉動力矩能互相抵消。機身尾部另裝一尾螺旋槳，由另一具引擎（副引擎）驅動，主要在提供飛行器於固定翼模式飛行時的前向推力。我們實際製作了一架無線電遙控模型機，進行試飛，以驗證此設計概念之可行性，並於遙控模型機上裝置必要的感測元件及致動器，將此控制器、感測器連同模型機本體建構成一套閉迴路控制系統，藉由此控制

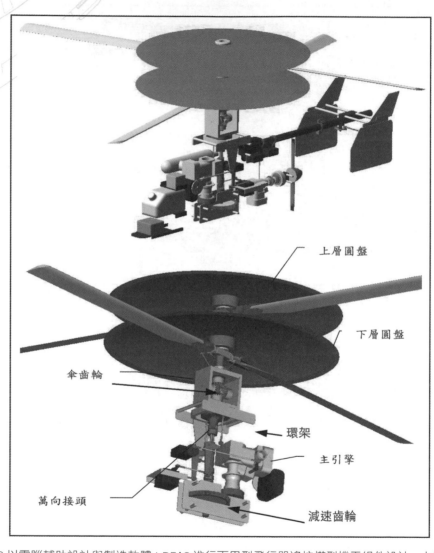

上層圓盤

下層圓盤

傘齒輪

環架

主引擎

萬向接頭

減速齒輪

圖 4.2 以電腦輔助設計與製造軟體 I-DEAS 進行兩用型飛行器遙控模型機零組件設計。上圖為
全機零組件組合圖,下圖為圓盤驅動齒輪連桿機構放大圖。圖片來源:《兩用型飛行器之改
良與飛控系統之製作》,劉文雄,成功大學航太所碩士論文,1999 年。

系統的控制，使飛行器具備姿態感測與控制的能力。

圖 4.2 的電腦設計圖顯示出兩用型飛行器的五大基本結構：

1. 同軸雙層圓盤旋翼機構

上下兩層圓盤各延伸出兩支旋葉片，兩盤以微小距離隔開不互相碰觸，上盤與內軸連接作正轉，下盤與外軸連接作反轉，上下兩盤轉速相同，如此，兩盤因旋轉而產生的轉動力矩，恰可互相抵消。「雙層圓盤加旋翼」裝置，是透過環架（Gimbal）機構與機身連接，藉由控制連桿的驅動，可使圓盤具有縱向及橫向傾斜的功能，用以改變飛行器飛行的方向和姿態。主旋翼旋葉片固定於圓盤上，其槳距（Pitch）為固定不可變，旋葉片升力的大小，由引擎轉速決定，轉速大則升力大，反之，轉速小則升力小。

2. 傘齒輪機構

引擎轉軸驅動下層傘齒輪轉動，下層傘齒輪再透過側向傘齒輪驅動上層傘齒輪。上、下傘齒輪再分別帶動下、上層圓盤轉

動，由於各傘齒輪的齒數與模數均相同，故上下圓盤能以相同轉速，朝相反方向旋轉。其所產生的力矩互相抵消，因此不需尾旋翼產生側向推力來製造反力矩。

3. 螺旋槳機構

其主要目的為產生向前推力，使得兩用型飛行器獲得所需要的前進巡航速度，此時流過圓盤的高速氣流才能產生足夠的升力支撐機身重量。螺旋槳的推力大小可由於副引擎之轉速快慢來調整，而副引擎轉速的快慢，則取決於副引擎油門大小。

4. 圓盤傾斜機構

圓盤轉軸與引擎轉軸之間以萬向接頭相連，萬向接頭一方面將引擎轉軸的動力傳給圓盤轉軸，一方面允許圓盤轉軸隨圓盤做任意方向的傾斜。傘齒輪組基座以傾斜盤結構與機身支撐架連接，控制連桿連接至傘齒輪組基座，可推動傘齒輪組基座沿傾斜盤傾斜，進而帶動圓盤朝所要的方向傾斜。圓盤的傾斜可以使升力的方向改變，而改變飛行的方向，但圓盤的傾斜僅能影響機身俯仰及滾轉的動作，偏航的動作則需靠垂直安定面配合。

5. 控制面機構

　　‧俯仰（Pitch）控制：藉由縱向控制連桿，控制圓盤做前後方向的傾斜，以產生機身俯仰運動的變化。

　　‧滾轉（Roll）控制：藉由橫向控制連桿，控制圓盤做左右方向的傾斜，以產生機身滾轉運動的變化。

　　‧偏航（Yaw）控制：藉由垂直安定面的角度控制，控制飛行器的偏航動作。

　　在經過空氣動力學的分析與計算之後，我們採用電腦輔助設計與製造軟體I-DEAS進行兩用型飛行器遙控模型機零組件設計，流程歸納如下：

步驟一：設計模型機零組件之整體配置以及傳動系統的傳動機制。

步驟二：利用 I-DEAS 針對各個需要自行製作的零件進行設計，設計時必須注意各個零件間組合時的配合度問題。

步驟三：在電腦中進行模擬所有零件的試組裝，檢視是否有干涉與互相牽制的問題，並予以修正。

步驟四：由 I-DEAS 對所有零件輸入正確材料數據，電腦進行初步起飛重量的估計，同時估算出重心位置而進行配重。

步驟五：將完成設計之零件檔案，轉換成 NC 碼，交由 CNC 工作母機加工。

步驟六：在完成所有零件的採買與製作後，進行實際組裝。

步驟七：進行試飛與改良。

全機零組件的組合圖如圖 4.2 所示，其中幾個主要元件說明如下：

1. **主引擎**：為飛行器於旋翼機模式下的主要動力來源，其輸出動力透過減速齒輪傳遞給萬向接頭，萬向接頭再將動力傳遞給轉軸，驅動旋翼轉動。

2. **副引擎**：為飛行器於圓盤翼機模式下的主要動力來源，其輸出的動力直接驅動螺旋槳轉動以產生推力。

3. **減速齒輪**：目的在降低引擎輸出的轉速，以提高引擎輸出的扭力，其減速齒輪比為 8 齒：97 齒（參考圖 4.3）。

4. **萬向接頭**：負責將經過減速齒輪提高扭力後的引擎動力，傳遞給齒輪箱轉軸，並允許轉軸在轉動的同時，具備二維傾斜的自由度。（參考圖 4.3）

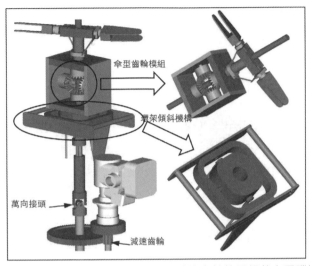

傘型齒輪模組

環架傾斜機構

萬向接頭

減速齒輪

圖 4.3 傘型齒輪模組、環架傾斜機構、萬向接頭、減速齒輪等零組件之電腦輔助設計圖。圖片來源：《兩用型飛行器之改良與飛控系統之製作》，劉文雄，成功大學航太所碩士論文，1999 年。

5. **齒輪箱：**負責將萬向接頭傳遞進來的引擎動力，平均分配給上、下兩層圓盤，使其做等速、相反方向的旋轉（參考圖 4.3）。

6. **環架：**供齒輪箱安置之用，可做縱向及橫向的轉動傾斜（參考圖 4.3）。

7. **圓盤旋翼葉片：**在旋翼機模式時，與齒輪箱之輸出轉軸連接，由主引擎驅動圓盤與旋翼葉片的旋轉，以產生升力。若在圓

盤翼機模式時，由副引擎產生的推力，達到高速巡航時，藉由圓盤以產生升力。

8. **螺旋槳：** 由副引擎驅動旋轉以產生水平前進推力。

9. **垂直與水平安定面：** 目的在增加飛行時的穩定性。

10. **三軸陀螺儀：** 其目的是感測機身三軸向的角速度，做回授控制，以達到機身姿態的平穩。

　　完成機體之電腦輔助設計與製作組裝後，我們在其上裝置飛行感測儀器，藉由無線傳輸的方式，遙控此模型機進行試飛，測試其飛行性能並量測相關的飛行數據，以驗證設計的可行性。兩用型遙控模型機的試飛工作，分成七個階段順序完成。

· **第一階段試飛：** 找出設計上的缺失並加以改良，測試項目有三項（1）機體結構上的強度、（2）控制翼面角度變化的大小以及（3）機身振動的問題。

· **第二階段試飛：** 測試副引擎性能有無達到吾人的要求，以及副引擎結構上的振動問題。根據實際試飛的結果，逐步修正副引擎結構設計上之缺失。

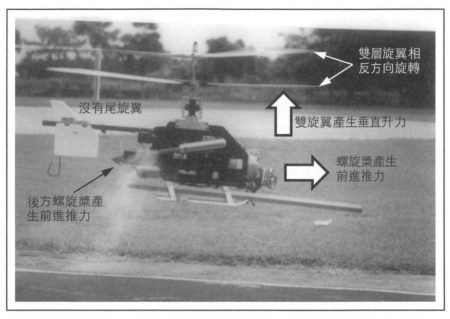

圖 4.4 第五階段的試飛工作：先以旋翼機模式做停懸飛行，再啟動副引擎產生前進動力，測試模型機前進飛行的能力。圖片來源：《兩用型飛行器之改良與飛控系統之製作》，劉文雄，成功大學航太所碩士論文，1999 年。

- **第三階段試飛**：測試旋翼機模式下（即沒有安裝雙層圓盤情況下），由試飛員操控飛行器做垂直起降飛行，以測試其升力是否足夠。同時測試伺服馬達驅動力是否足以推動連桿機構，來帶動旋翼控制面傾斜，使得機身做俯仰及側滾姿態的改變。

- **第四階段試飛**：測試在停懸模式下，增穩控制器的運作效能。

我們在模型機上裝置三軸陀螺儀及控制器，此控制器能根據陀螺儀所量測到的機身姿態及地面操控員所下之命令，對致動器送出微調命令，用以增加飛行器飛行時的穩定性。所設計的自動穩定器（Auto- Stabilizer），可以增加飛行器的穩定性（Stability Augmentation），使地面人員能更輕易地操控此架模型機。

- **第五階段試飛**：先以旋翼機模式起飛後，做停懸飛行，再啟動副引擎產生前進動力，測試模型機前進飛行的能力。此階段未安裝雙層圓盤，只有上、下主旋翼運作。首先由旋翼機模式做垂直起飛，副引擎此時先處於怠速情況，做停懸的動作。再由遙控方式，控制副引擎油門大小，使得螺旋槳轉速增加，以產生前進推力大小。此次試飛成功驗證了兩種飛行模式的同時運作：雙層旋翼的垂直升降功能與螺旋槳推動的水平前進功能（參見圖 4.4）。

- **第六階段試飛**：結合前面五個測試階段的成果及經驗，本次試飛進入雙層圓盤的安裝及測試階段。主要目的在測試雙層圓盤安裝在傳動軸之後的靜、動力平衡。

圖 4.5 第七階段的試飛工作在於測試雙層圓盤加入之後，所產生之升力效果。圖片來源：《兩用型飛行器之改良與飛控系統之製作》，劉文雄，成功大學航太所碩士論文，1999 年。

- **第七階段試飛：**測試雙層圓盤加入之後，所產生之升力效果。本階段的測試結果要和第五階段的測試（沒有安裝圓盤）做比較，以便了解圓盤加裝後，對於升力的提升效果如何（參見圖 4.5）。

　　上面我們介紹了如何利用康達原理製造一架簡單的遙控飛碟，並且結合旋翼與圓盤翼製作一架兩用型飛行器。從中我們了解到製造圓盤型飛行器並不如想像中的困難。組裝過程中所

需要的零組件，譬如螺旋槳、小型無刷馬達、步進馬達、壓電伺服器、陀螺儀、機身結構材料等等，大部分可以在一般遙控模型店買得到；買不到的零組件，則可以透過電腦輔助設計結合數值加工機來製作。

載人的飛碟飛行器原理和遙控飛碟是大同小異的，而主要的關鍵是驅動飛碟的動力來源。以目前引擎及航空發動機的發展技術，要提供飛碟飛行器一個可靠且有效率的動力源是不成問題的。所以可想而知，這麼多年來一定已有許多私人的航空製造業和各國的空軍部門，進行了飛碟飛行器的研發與製造。

但與其他飛行器不同的是，人造飛碟的研發在各國都是被列為極機密的計畫，縱使在試飛階段被基地附近的民眾目擊，官方也不會公開承認是新型飛行器的試飛。對於一般民眾將人造飛碟渲染成外星飛碟，官方單位非但不反對，而且還樂觀其成，因為這樣有助於掩護機密計畫的執行，不會讓新型飛行器提早曝光。二十世紀的後半期所呈現的外星人熱潮與諸多的飛碟目擊事件，就是在演出這樣一段在「外星飛碟」煙幕彈的掩護下，各國暗地裡進行各種假飛碟——人造飛碟的研發戲碼。

飛碟的誤判

隱形戰機

　　當一般大眾還在為外星人與飛碟的存在性爭論不休時，其實各國政府在暗地裡已經長期投入人造飛碟的研發競賽。就政府部門而言，外星人與飛碟事件的真真假假、假假真真，正是營造了非常好的煙幕彈，掩護了自己國家正在進行的新一代飛行器的研發，以免技術機密提早曝光，被競爭國趕上。

　　當 1903 年 12 月 17 日，萊特兄弟駕駛自行研製的固定翼飛機，實現了人類史上首次重於空氣的航空器的動力飛行之時，人們就已同時在思考碟形飛行器的研製。早在 1911 年美國發明家就製造出了傘式飛機。在二戰期間，碟形飛行器的研發曾得到美國軍方的支持，當時在該領域最為領先的當屬德國。1950 年代，英國、加拿大、前蘇聯和美國等國利用二戰結束時從德國專家手裡獲取的技術，掀起了軍用飛碟的研發高潮。幾十年來，俄、美等航空大國從未放棄過對「飛碟」的研究。與普通固定翼飛機相比，碟

形飛行器具有不少獨特的性能,例如:

1. 展弦比小、波阻也小,適於高速飛行。

2. 適於利用地面效應,容易實現垂直起降。

3. 不需要做盤旋機動,能迅速指向攻擊目標,而這一特性無疑
   將改變現在空戰戰術的基本概念。

　　半世紀以來,許許多多的不明飛行物的目擊事件,扣除造假
與誤判者外,剩下的不明飛行物的確是真實的飛行器,只不過
它們是人造飛碟在試飛階段,被基地附近的居民所目擊,而被
解讀為不明飛行物。事實顯示,一連串不同年代的不明飛行物
的目擊事件,正是見證了一連串不同年代的人造飛碟發展史。

●常被誤認為飛碟的飛行器

　　被誤認為是不明飛行物最有名的例子,早期當屬 U-2 偵察機
(參見圖 5.1),此機能不分晝夜於 70,000 英尺(21,336 米)
高空執行全天候偵察任務。直到 1960 年遭蘇聯擊落而曝光之
前,U-2 偵察機[1] 已在空中不為人知的飛行超過 8 年以上。根據

1.洛克希德 U-2,外號蛟龍夫人(Dragon Lady),是美國空軍一種單座單發動機的
高空偵察機。能不分晝夜於 70,000 英尺(21,336 米)高空執行全天候偵察任務。
在和平時期、危機、小規模衝突和戰爭中為決策者提供重要情報。一份於 2005 年
12 月 23 日由美國國防部核準的機密預算文件中,要求 U-2 計畫最遲於 2011 年結
束,並於 2007 年初將部份 U-2 除役。

圖 5.1 美國洛克希德公司於 1950 年代製造的 U-2 偵察機，直到 1960 年遭蘇聯擊落而曝光，在此之前已飛行了 8 年，常被當作是不明飛行物。此圖是 SR-71「黑鳥」高空高速偵察機，也是洛克希德公司製造，1966 年佈署，其飛行比隱密性 U-2 更加有，造成更多的 UFO 誤判。（圖片取自維基百科）

CIA 的資料，當時有 50% 左右的不明飛行物目擊報告，其實正是 U-2 偵察機。雖然首飛至今已經五十多年，但 U-2 仍然活躍於前線，服役期較他的繼承者更長。U-2 生產線曾於 1980 年代重開。2011 年以後，U-2 偵察機的角色已由諾斯洛普 · 格魯門公司製造的全球鷹（Global Hawk）無人飛行載具（UAV）所取代。

圖 5.2 F-117 隱形戰鬥機由正前方看， 像是飛碟側面的形狀，而由底部看，則跟三角飛碟沒有兩樣（圖片取自維基百科）。

圖 5.3 當 X47B 無人攻擊機起飛並收回起落架後，從側面看像是個圓盤。圖片取自網址 http://news.cnet.com/i/tim/2011/03/18/X47Bsecondflightcrop_610x 392. jpg。

　　美國空軍的 F-117「夜鷹」[2] 隱形戰鬥機（洛克希德公司製造，1977 年首飛，2008 年除役），至少服役 6 年後，美國公眾才知道這種飛機的存在，在此之前，美國空軍否認它的存在，偶然被民眾目擊，就說是不明飛行物。F-117 由正前方看，像是傳統飛碟側面的形狀，而由底部看，則跟三角飛碟沒有兩樣（參見圖 5.2）。

　　2011 年 12 月 22 日這天，部分美國堪薩斯 Cowley 郡的居民在馬路邊，竟然見到一架由拖車運行的「飛碟」。從造型上確實是類似外星飛碟，不過它是已公開仍持續進行實驗的 X47B 無人攻擊機 [3]。這架 X47B 是要從加州愛德華空軍基地運送到馬里蘭州帕塔克森特河（Patuxent River）的海軍航空站。從圖 5.3 中可看到這架飛行器有許多人造技術的特點：

1. 機體前大後小：人造飛行器機身有飛行方向與推力出口特定設計；而外星 UFO 的碟狀設計則是呈現 360 度左右對稱。

2.F-117「夜鷹」（F-117 Nighthawk）是美國空軍的一種匿蹤攻擊機，也是世界上第二款完全以隱形技術設計的飛機。F-117 由洛克希德公司設計生產，它的原型技術直接來源於擁藍（Have Blue）計劃。雖然 F-117 在歷次空中攻擊任務中表現傑出，但由於軍費削減之原因，美國國防部於 2006 年決定在數年內將所有的 F-117 退出現役，並於 2008 年 8 月進行了他最後一次的飛行

3. 美國 X-47B 無人機是美國研發的最新型的無人機。該無人機歷時 4 年研製成功，整個合同金額高達 6.36 億美元。除噴射式動力外，X-47B 的最大特點是這款艦載無人機，能直接從航空母艦上起飛，並且能像有人機一樣，執行戰鬥任務。

從航空母艦起飛的一架 X47B 無人攻擊機

X47B 無人攻擊機

圖 5.4 上圖：從航空母艦起飛的一架 X47B 無人攻擊機（圖片取自維基百科）。下圖：如果不看起落架，X47B 無人攻擊機的正前方看起來是十足飛碟的模樣。圖片取自網址 static. rcgroups.net/forums/attachments/1/6/8/7/4/5/a3912341- 62-X47B%5B1%5D.jpg

2. 飛行器有機輪設計：代表是需要滑行才能起飛；外星飛碟
是垂直起降不需跑道，僅需延伸出支架。

　　X47B 無人機是世界上首架陸基和航空母艦都能使用的無人偵
察攻擊機。會讓民眾誤認是飛碟，是因 X47B 無人攻擊機，從其正
前方來看，真像是一個圓盤，如果不看起落架的話（如圖 5.4 所示），
當其起飛並收回起落架後，想當然被誤認為飛碟的機率更大。據
美國媒體報導，當地時間 2012 年 7 月 13 日晚，一則美國首都華
盛頓附近出現不明飛行物（UFO）的消息在社交網站推特（Twitter）
上迅速傳播開來，並引起軒然大波。事後證實這個不明飛行物正
是 X47B 無人攻擊機。

納粹德國的

人造飛碟

早期人造飛碟的研發以納粹德國的成果最為顯著。1957 年 7 月 27 日，美國一家報紙發表一篇題為 "希特勒曾研製過飛碟" 的文章。文章詳細披露了在二戰期間德國研發飛碟的過程，它總共經歷了三代的改良。

第一代原型機：

這種原始型飛碟的設計者是兩位工程師：斯理維爾和哈貝爾默利。1941 年 2 月試飛時，是當時第一個垂直起降飛行器[1]。它的外形跟傳聞中某些外星人駕駛的飛碟十分相似，是由一個固定不動的中心駕駛艙以及會旋轉的外圍圓環所構成，採用德國製造的標準噴射發動機。第一代飛碟的缺點是內外環的重量沒有平衡而引起強烈振動，特別是高速飛行時。設計師曾試圖加大外輪圈的重量，但設計方案最終還是沒能達到完美的程度。

---

1. 正確來講，直升機應該才是第一個能夠垂直起降的動力飛行器。1938 年德國人漢納賴奇駕駛一架雙旋翼直升機在柏林體育場進行了一次完美的飛行表演。這架直升機被直升機界認為是世界上第一種試飛成功的直升機。

第二代原型機：

　　針對第一代原型機的改進，造出了代號為「垂直飛機」的2號原型機。二代飛碟的外形尺寸及馬力都有所增大，也採用了類似飛機上保持平穩的陀螺儀環架平台機構，其飛行速度可達到每小時 1200 公里[2]，並能像現代直升機那樣做空中滯留和水平飛行。不過 1 號機型和 2 號機型都停留在實驗性的嘗試階段，並未投入量產。

第三代原型機： 柏羅湟女戰神

　　在納粹領導人親自支持下，網羅了第三帝國最傑出、最優秀的空氣動力學專家、工程師和試飛員等頂尖人才，德國終於製造出一種先進的碟形飛行器——「別隆采圓盤」。它有兩種尺寸，一種直徑 38 米，另一種直徑 68 米（參考圖 6.1）。

　　「別隆采圓盤」採用了奧地利發明家維克托・舒柏格（Viktor Schauberger）研製的「無煙無焰發動機」，這種發動機的工作原理是「內聚爆炸」（implosion），有別於一般噴射引擎的燃燒爆炸（explosion）。1957 年的報導稱其運轉時只需要水

2. 時速 1200 公里約等於一倍音速，直到 1947 年 10 月 15 日（丁亥年九月初二），世界第一次超音速飛機 - 噴射引擎飛機才由 NASA 試飛成功。如果說 1941 年德國的飛碟就已具有超音速的能力，那麼超音速飛行器的歷史就要改寫?!

飛碟的引擎出口向下

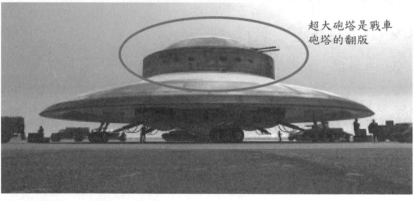

超大砲塔是戰車
砲塔的翻版

圖 6.1 納粹德國所研製的人造飛碟「別隆采圓盤」，從外觀上可以看到圓盤上架設了一個不成比例的超大砲塔，似乎是戰車砲塔的翻版。圓盤下方可以看到幾個噴射引擎的出口。上圖飛碟的引擎出口向下，下圖的飛碟則加裝了水平噴射引擎，應該有助於水平速度的提升。圖片來源：http://www.kaoder.com /?thread-view-fid-17-tid-51472.htm。

和空氣，在飛行器的周圍共裝置了 12 台這種發動機。它噴出的氣流不僅給飛行器提供了巨大的反作用力，而且用來冷卻發動機。由於發動機不斷大量地吸入空氣，因此在飛行器上空造成了真空區，從而為飛行器提供了巨大的升力。

1945 年 2 月 19 日，這架耗資數百萬的飛行器終於進行了它第一次也是最後一次試飛。報導稱其在短短的 3 分鐘之內，升到了 15000 米的高空，平飛速度可達 2200 公里／小時。同時它還可以滯空，無需轉彎就可以往任意方向前飛或後飛。該報導稱希特勒原本打算用飛碟轟炸紐約，然而未及量產，蘇俄軍已節節逼進布拉格，德國的工程師則忙著用炸藥與汽油炸毀基地，以及所有的飛碟。

根據現有的文獻以及殘留的設計圖，應該可以確認納粹德國曾經在二戰期間進行過人造飛碟的研發，但是因為缺乏飛碟實體以及細節的設計圖，對於「別隆采圓盤」的相關報導及飛行數據的可靠性，我們宜持保留的態度。茲就目前網路上可收集到的資訊，提出二點意見供讀者參考：

1.「別隆采圓盤」外型不利超音速飛行：

在圖 6.1 中，從外觀上可以看到飛碟圓盤上架設了一個不成

比例的超大砲塔，這似乎是戰車砲塔的翻版。砲塔的高度幾乎和圓盤的厚度相當，這使得它水平飛行時，迎風面的面積太大，會造成過大的風阻，非常不利於高速飛行。報導中說「別隆采圓盤」的平飛速度可達 2200 公里／小時，這個速度已逼近 2 倍音速。像這樣一個如戰車般粗壯的結構體能夠以 2 倍音速飛行，顛覆了一般空氣動力學專家的想法。目前公認是世界上的第一次的超音速飛行是在 1947 年 10 月 15 日，美國 NASA 一架火箭飛機試飛成功。這架飛機除採用噴射引擎外，機身設計成又細又長，頭部很尖，機翼改成燕子翅膀似的後掠式，有效降低了風阻。和超音速飛機比起來，「別隆采圓盤」的迎風面面積實在太大了。

2. 巨大圓盤的角色未能發揮：

在第 3 單元中，我們曾經介紹過康達效應，它說明氣流有貼著物體表面流動的傾向，進而能產生低壓區。飛碟具有巨大的圓盤，是最能夠展現康達效應的飛行器。前面關於「別隆采圓盤」的報導，提到它的升力來源有兩種：（1）發動機噴出氣體所提供的反作用力；（2）發動機的進氣口不斷大量地吸入空氣，因此在飛行器上空形成真空區，從而為飛行器提供了巨大的升

力。但此兩種升力的產生都與圓盤的大小無關。我們認為基於康達效應的考量，更完善的飛碟設計應該是發動機所排出的氣體要有一部分導引到圓盤表面，使其順著表面流動，讓整個圓盤上方都是低壓區。如此才能充分發揮其巨大圓盤（68 公尺直徑）的價值。

其實這種在機翼上面吹氣的技術，稱為「吹氣襟翼」（又稱邊界層控制，boundary-layer control），已經廣泛用在戰鬥機上。F-104 是世界上第一架採用這種技術的戰鬥機[3]。通常襟翼放下後，在其上表面會產生紊流，從而導致襟翼效率下降。F-104 則從引擎第 17 級壓縮機處引氣至襟翼與機翼的交接處，高壓氣流從襟翼鉸鏈處的狹縫沿襟翼上表面噴出，補充了邊界層能量，減小了由於邊界層分離而導致的紊流，從而提高了襟翼的升力，使得F-104 的失速速度因此減小了 15 節。

有別於一般超音速飛機所使用的噴射引擎，「別隆采圓盤」

3.F-104 星式戰鬥機（F-104 Starfighter）是美國洛克希德公司所設計的第二代戰機。它的設計強調重量輕與簡單，被認為是韓戰經驗的總結作品（越戰經驗總結則被認為是 F-16）。F-104 是世界上第一架擁有兩倍音速速度的戰機，並在 1960 年代長期保持升速、航高（10 萬英尺）的紀錄。F-104 因為強調高速飛行的性能，外型非常特別，擁有「有人飛彈」的暱稱，美國總計生產了 2,580 架各型 F-104 戰機。目前最後一個使用國家義大利已經將所有的 F-104S 退出現役，結束星式戰鬥機超過 50 年的生涯。

採用舒伯格（V. Schauberger[4]，或翻譯成紹貝格爾）所謂的「無煙無焰發動機」，根據報導該發動機的運轉只需要水和空氣，就可以產生爆炸的能量。如果能夠證實這種發動機的原理並加以複製，人類將不再有能源危機了。與愛迪生齊名的電力電子科學家特斯拉[5]（Tesla），於 1893 年在賓夕法尼亞州費城的弗蘭克林學院發表演講，闡述他的無線電傳輸原理時，曾說道：

「許多年以後，人類的機器可以在宇宙中任何一點獲取能量從而驅動機器 。」

如果以目前的科技背景來思考，我們揣測這種以水當燃料能夠產生爆炸的「無煙無焰發動機」應該是對應到目前的一種新能源科技，稱為氫氧焰能設備，它確實把水當燃料，能在二三十秒內將水分解成氫氣和氧氣，再利用氫氣易燃、氧氣助燃的特性，產生高溫烈焰轉換為熱能，啟動燃燒後瞬間溫度可達到攝氏 800 到 3000 度。

4.Viktor Schauberger (1885-1958)是奧地利人，自然學派的哲學家、發明家。畢生致力於從大自然中萃取能量與動力。他稱他的發明為『implosion technology』，是利用大氣渦流的力量來產生動力，並以此來設計飛機與船舶的發動機。有別於以燃燒爆炸(explosion)為動力的渦輪，他設計的渦輪是靜音的，是無煙無焰的。

5.尼古拉· 特斯拉（1856 － 1943），塞爾維亞裔美籍發明家、物理學家、機械工程師、電機工程師和未來學家。他被認為是電力商業化的重要推動者，並因主要設計了現代交流電力系統而最為人知。特斯拉在電磁場領域有著多項革命性的發明。他的多項相關的專利以及電磁學的理論研究工作是現代無線通信的基石。

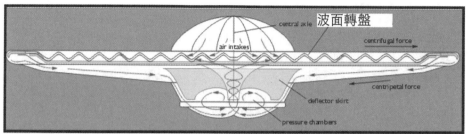

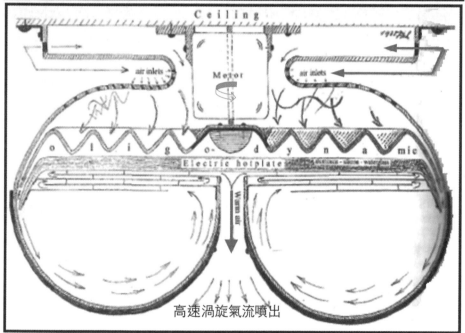

圖 6.2 Shauberger 所發明，以馬達驅動的噴射引擎（垂直剖面圖，下圖為上圖的放大）。馬達帶動坡面轉盤旋轉，並將冷空氣從外界吸入，空氣受到轉盤表面黏滯力與離心力的雙重驅動，一方面隨轉盤旋轉，一方面沿著波面凹槽由內往外移動，亦即空氣分子循著螺旋軌跡，由內往外旋，然後進入左右兩側的加速狹縫到達壓力腔。在加壓的過程中，空氣旋入上方的水平層狀通道，經過多層次的加壓步驟後，最後匯集到中央軸線高速噴出。圖片來源：http://ondscience institute.on-rev.com。

但天底下沒有白吃的午餐，這種以電解水製氫的方法，每產出 1 立方公尺的氫氣，需要消耗 4 至 5 度電力。也就是為了使水產生 1 單位的再生能源，我們需要輸入多個單位的不可再生能源。雖然也是以水為燃料，但以此方法驅動飛碟，其能源效率很低。目前有一種利用發酵法製氫的技術，既能兼顧環保又不耗能，它是利用產氫細菌在有機廢水中發酵產生氫氣的做用，同時伴隨有機物的下降，使廢水得到淨化。雖然發酵法可以不必輸入能量即可將水變成再生能源，但要以此法瞬間驅動龐大的「別隆采圓盤」應該是緩不濟急。

仔細審視舒伯格的「無煙無焰發動機」，我們發現它有別於目前以燃燒爆炸（explosion）為推力的噴射發動機，舒伯格稱他所發明的發動機是一種「implosion technology」，其中 implosion 這個字眼相對於 explosion，我們將之翻譯成「內聚爆炸」，特別點出是在系統內部逐步聚積能量以後，所產生的爆炸。

更精確地講，有別於目前以化學燃料驅動的噴射發動機，舒伯格所發明的是以電力馬達驅動的噴射發動機。如圖 6.2 所示，馬達帶動波面轉盤旋轉，同時將冷空氣從外界吸入，空氣分子受到轉盤表面黏滯力與離心力的驅動，一方面隨著轉盤旋轉，

一方面沿著波面凹槽，一格一格，由內往外移動。由於轉盤持續地在旋轉，空氣分子停留在轉盤內的時間越長，其所獲得的旋轉切線速度越大（透過黏滯力的帶動）。波面凹槽的設計就是要增加空氣分子停留在轉盤內的時間，分子每跳過一個凹槽，其速度即提升一級。空氣分子一方面旋轉，一方面向外圍的凹槽跳動，因此是循著螺旋軌跡，由內往外旋，然後進入左右兩側的加速狹縫到達壓力腔。在加壓的過程中，空氣被擠入上方

圖 6.3 舒伯格的孫子根據其祖父遺留的資料，所製作的發動機模型（SchoubergerPlatform），它是由電池電力所驅動，展示了圓盤機體內氣流是如何從頂部中央轉移到圓盤邊緣的氣流過程。左圖則是舒伯格發動機的透視圖，顯示出其所噴射的渦旋氣流。圖片來源： http://xhcy004.blog.china.com/201203/9497125.html。

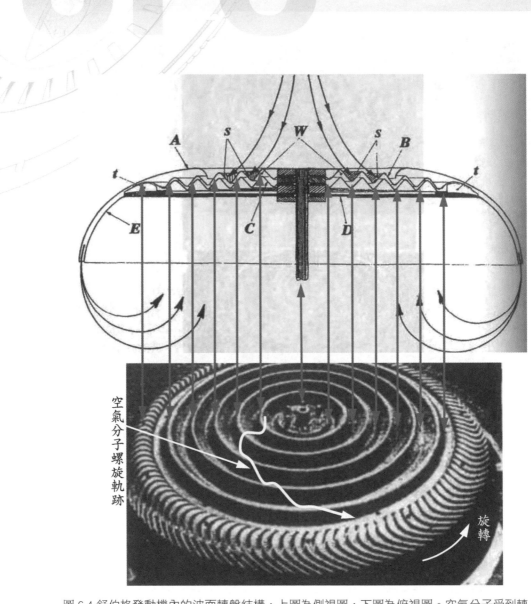

圖 6.4 舒伯格發動機內的波面轉盤結構，上圖為側視圖，下圖為俯視圖。空氣分子受到轉盤表面黏滯力與離心力的驅動，一方面隨著轉盤旋轉，一方面沿著波面同心圓凹槽攀爬，由內圈往外圈移動，故分子的軌跡呈現螺旋狀。圖片來源：http://thewebfairy.com/911/missilegate/rfz/schauberger.htm。

的水平層狀通道，經過多層次的通道加壓步驟後，最後氣流匯集到中央軸線處，以螺旋高速噴出。

　　圖 6.3 是舒伯格的孫子根據其祖父遺留的資料，所製作的發動機模型，它是由電池電力所驅動，展示了圓盤機體內氣流是如何從頂部中央轉移到圓盤邊緣的氣流過程。圖 6.3 的右圖則是舒伯格發動機的透視圖，顯示出其所噴射的渦旋氣流。

　　舒伯格發動機的核心元件是「波面轉盤」，它是由多個同心圓凹槽所組成，細部結構如圖 6.4 所示。由於此轉盤的帶動，空氣分子才得以沿著螺旋軌跡運動。空氣從發動機的上方旋入波面轉盤後，經過加速及加壓的過程，再從發動機的下方螺旋噴出，也就是說發動機是位於一股螺旋氣流的中間。自然界中所發生的螺旋氣流，就是俗稱的龍捲風，它強大的吸力可將汽車、房屋搬運到半空中。從另一個角度來看，就是汽車和房屋透過龍捲風的作用獲得強大的升力，而飄浮在半空中。舒伯格發動機說穿了，就是龍捲風製造機，這股人造的龍捲風將飛碟從地面吸起至半空中（參考圖 6.5）。而從飛碟的角度來看，則是因為噴射氣流的反作用力，才使得飛碟騰空。

　　別隆采圓盤飛碟採用舒伯格發動機為其驅動引擎，但是發

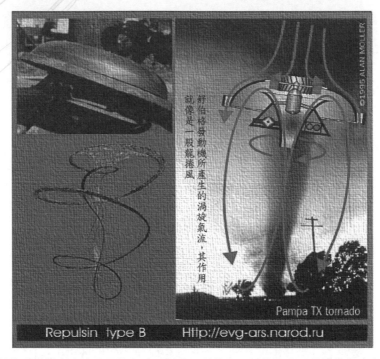

圖 6.5 舒伯格發動機所產生的渦旋氣流，其作用就像是一股龍捲風，此龍捲風由上到下貫穿發動機所在的圓盤，而將圓盤吸起，正猶如自然界的龍捲風將地面上的物體吸引至半空中一樣。左下圖是渦旋氣流中，氣體分子的運動軌跡。圖片來源：http://evg-ars.narod.ru。

動機運轉初期所產生的升力卻不如預期。主要原因被發現是出在波面轉盤無法充分帶動空氣的旋轉，使得空氣分子動能不足，造成空氣進入壓力腔之後，無法聚積足夠的能量去產生噴射推進的效果。空氣無法充分旋轉，究其背後的原因，則是因為空氣與轉盤表面間之黏滯力（摩擦力）不足。可想而知，轉盤表

面如果完全光滑的話，轉盤的旋轉將是空轉，此時空氣將原地不動，不隨轉盤起舞。

　　解決之道，其一是增加轉盤表面的粗糙度，但由於空氣分子很小，再小的空隙都可鑽入，粗糙度的增加對空氣分子運動的影響有其極限。其二是加入黏滯力比較強的液體，與空氣混合後，再由波面轉盤一起帶動旋轉。後面這個方法產生了很大的改良作用，而水則是液體中的最佳選擇：黏滯力強又容易取得。因此改良式的舒伯格發動機，除了原有的空氣循環外，又加入了水的循環。它的運作機制包含以下步驟：

- 水與空氣混合後，再進入波面轉盤，透過水的高黏滯力帶動空氣一起旋轉。

- 在水滴的推動之下，空氣高速進入壓力腔，強大動能轉化成壓力內能而聚積。

- 在聚積加壓的過程中，空氣旋入上方的水平層狀通道，經過多層次的加壓步驟後，最後匯集到中央軸線高速噴出。

- 在同一時間，水滴進入壓力腔後，由於重力的作用，匯集在壓力腔的底部，經過抽取回到發動機的頂部，再進入新一次的空氣循環。

正是基於以上空氣循環與水循環的混合機制，大眾報導才稱舒伯格發動機的運作只需要水和空氣，就可以產生類似爆炸的能量。當然報導中沒有提到的是，轉盤的旋轉與水的抽取再循環，都需要電力或其他能源的支撐。有人認為舒伯格發動機可以無中生有，取得隱藏中的神秘能量，這個看法顯然是偏頗的。正確的說法應該是：

「舒伯格發動機充分運用自然界中空氣與水的流動本性，使得電力轉換到噴射動力之間的能量損失降到最小。」

身為一位自然學派的發明家，舒伯格的終身信條就是「以自然為師」，他一生致力於學習並模仿自然界中水與空氣的運作道理。他稱自己所發明的機器只是充分模仿了自然界中的能量流動方式。

美國的
人造飛碟研製

在美國人造飛碟的研發與外星飛碟的故事一樣精彩，只是一個是暗的，一個是明的。二次大戰後，一如德國的其他科技，飛碟也成了美蘇爭奪的目標。眾所皆知，美國得到了火箭專家馮布朗，然而納粹的飛碟工程師安卓雷斯艾普（Andrans Epp）則投向蘇聯。這使得蘇聯在飛碟的發展上超越西方。不過艾普在蘇聯過得並不得意，並且在 1957 年向西方投誠，至此美國終於可以急起直追。在 50 年代末、60 年代初，幾家美國空軍的主要承包商皆投入了飛碟的研發。

不管 1947 年的「羅茲威爾飛碟事件」是真是假，可以確定的是美軍於此事件後即開始投入幽浮飛行器的研究。終於在 1961 年，美國陸、空軍公開其所研發的第一架飛碟「AVROCAR」，此飛碟是由約翰佛斯特（John Frost）所發明，而背後的製造商則是加拿大的一家航太公司（愛維羅，A.V. Roe

Ltd.）。試飛的結果顯示 AVROCAR 的越野能力不錯，但空中性能不佳，一但離地高度超過 2.5 公尺 就會變得不穩定，此飛碟計畫因而遭到放棄。

　　圖 7.1 顯示 AVROCAR 的俯視圖及側視圖。可以看到空氣由上方吸入，先在上方形成低壓區，再經過渦輪葉片的加壓推動，一部分從機身側環面排出，而在機身內部形成低壓區；另一部分則從機身底部排出，形成向上的反作用力，以上三者都有助於增加飛碟的升力。機身後方裝有升降舵，它能控制從側環面所噴出的氣流，而產生飛碟前後俯仰的動作。但飛碟左右傾斜的動作則缺乏有效的控制機制，這使得飛碟受到左右二側的擾

圖 7.1 美國陸、空軍與加拿大合作開發的第一架飛碟「AVROCAR」。（1）空氣由上方吸入，先在上方形成低壓區，再經過渦輪葉片的加壓，（2）一部分從機身側面排出，而在機身內部形成低壓區，（3）另一部分則從機身底部排出，形成向上的反作用力。三者都有助於增加飛碟的升力。圖片來源： http://www.aerospaceweb.org/question/planes/q0204b.shtml。

動時，將會變得不穩定。

在另一方面，飛碟在貼近地面飛行時，性能良好；離開地面2.5公尺即開始不穩定，無法再繼續升高，這現象凸顯飛碟升力不足的問題。貼地飛行時，因有氣墊效應的協助，可獲得相當於二倍的升力（氣流碰到地面後，反彈回到機身底部，產生二倍動量差）；但當飛碟離開地面的高度超過一個飛碟的直徑長度時，氣墊效應即消失，這時升力頓時減小一半，飛碟被迫降低高度，回到原先貼地飛行的狀況。

估計 AVROCAR 的渦輪葉片的半徑要增加 50% 到 100%（驅動力也要以等比例增加），才能產生足夠的升力進行高空飛行。可惜 AVROCAR 沒有後續的改良計畫，使得它的第一次試飛同時也是最後的一次。雖然 AVROCAR 飛碟沒能發展成功，但它優異的貼地飛行能力，促成了氣墊船的發展，可以說氣墊船是在飛碟的開發過程中的一個意外發現。

美國在固定翼與旋翼飛行器的研發進展遠遠超過圓盤翼飛行器，但也未全然忽略圓盤飛行器的優點。美國航太總署艾姆斯研究中心（NASA-Ames Research Center），曾在 1991 年[1] 的技術

1.Robert H. Stroub, Introduction of the M-85 High-Speed Rotorcraft Concept, NASA Technical Memorandum 102871 , 1991.

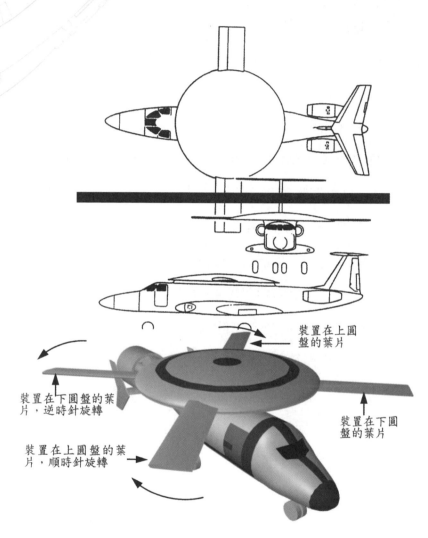

圖 7.2 M-85 飛行器外型立體視圖。M-85 是一款兼具旋翼機垂直起降功能與固定翼飛機高速巡航性能的全新概念飛行器。中心圓盤由上下二層圓盤所組成，上層與下層的旋轉方向相反，藉以抵銷旋轉力矩。圖片來源：《兩用型飛行器之改良與飛控系統之製作》，劉文雄，成功大學航太所碩士論文，1999 年。

裝置在上圓盤的葉片

裝置在下圓盤的葉片，逆時針旋轉

裝置在下圓盤的葉片

裝置在上圓盤的葉片，順時針旋轉

報告中，發表一款結合圓盤與旋翼的飛行器 M-85。M-85 是一款兼具旋翼機垂直起降功能與固定翼飛機高速巡航性能的全新概念飛行器，其外型設計如圖 7.2 所示。機身類似一般傳統直昇機，在機身上方裝置雙層圓盤，每片圓盤周圍各延伸出兩支旋葉片，兩層圓盤連同旋葉片由主引擎驅動朝相反方向轉動，目的在使兩層圓盤因旋轉而作用在機身上的轉動力矩能互相抵消，機身尾部另裝一尾螺旋槳，由另一具引擎（副引擎）驅動，主要在提供飛行器於固定翼模式飛行時的前向推力。

在這份報告中，NASA 對圓盤形翼剖面以及圓盤加旋葉片的各種分布情形做了風洞測試，結果顯示圓盤加旋葉片的巡航性能不輸於高性能的固定翼飛機。

M-85 兩用型飛行器於起飛時，圓盤旋轉，靠圓盤外圍的葉片產生升力，採旋翼機的模式起飛，在飛至巡航速度與高度後，圓盤停止轉動，靠由圓盤的翼剖面前進產生升力，採固定翼飛機模式飛行，待飛至目的地時，飛行速度減緩，圓盤恢復轉動，採旋翼機模式降落。M-85 兩用型飛行器與一般旋翼機最大的不同，在於其旋翼面的構造：旋翼面＝中央轉盤＋周圍旋葉片。中央轉盤約佔整個旋翼面直徑的 50%～60%。其操作模式有二：

1. 起降及低速飛行：

此情形下，類似旋翼機的運作，葉片牽引氣流向下而產生升力，此時中央轉盤沒有功用，甚至造成升力的減少。

2. 高速飛行：

此時轉盤停止轉動，葉片收縮到轉盤內，轉盤形成圓形的機翼，高速氣體流經此圓盤形機翼（上曲面是一球弧面，下曲面是一平面），產生上下層氣流的壓力差，而形成升力，此升力在旋翼面不轉的情況下，仍能承擔機體的重量。

簡而言之，當滯空或低速飛行時，旋翼面旋轉，由葉片提供升力；當高速飛行時，旋翼面不轉，由中央轉盤提供升力。

根據 NASA 技術報告的研究結果顯示，圓盤加旋葉片的兩用型設計概念，在實現（Implement）上的可行性是頗高的，唯NASA 於 M-85 的研究上尚有圓盤旋轉產生的力矩無法克服的瓶頸，故仍僅止於紙上設計。

自從 1961 年的 AVROCAR 飛碟飛行器的研製失敗後，美國軍方於航空器研發的重心轉移到高性能戰鬥機、隱形戰機與無人戰機之上，並取得傲人的成績。從 1960 年代到 1980 年代，

美國雖然仍有許多的不明飛行物目擊事件報導，但是最後大部分都確認與未公開的新型戰機的試飛有關。但這個情況到 1990 年代有了改變。

從 1990 年開始，在美國一些城市附近及高速路沿線，目擊巨大、無聲的三角形不明飛行物的人數呈增長趨勢，這一現象引起美國許多科研機構及科學迷的興趣。 由於它的影像非常清晰具體，又有為數眾多的目擊者，很多人在揣測，這是真的外星飛碟嗎？還是美國已經研發出新型的飛碟飛行器。 據目擊者稱，這種黑色三角飛行物的外形讓人過目不忘，因為它太奇特了，與平時所見的飛行器完全不一樣。從 1990 年一直到進 21 世紀，都是三角飛行器活動的活躍期。

美國發現科學研究所 的報告提到，一位美國婦女在 19 10 月就曾在自家屋頂看見一個巨大的物體。當那個不明 進入視野的時候，她竟然看不見眼前明亮 那龐大的飛行物遮住了。 這位目擊者報告說：「忽然之間，這個龐然大物發著藍光出現了，就像完全暴露的星艦，但卻非常安靜，我幾乎無法相信眼前的一切。它非常龐大，大概有 500 英尺左右，這讓我完全看不到天空。」據稱，她當時粗略計算

圖 7.3 神秘的黑色三角飛行器會發出容易引起注意的亮光，有時是閃爍的白光，有時是類似迪斯可舞廳的紅綠藍三色光。圖片來源：http：//ovnis51.skyrock.com/2957745863-TR3B-ASTRA.html

了一下，那個三角飛行物大概有 200 英尺寬，250 英尺長。 發現科學研究所整理了大量的三角飛行器的目擊報告，並綜合出下列的共同特點：

　　1.目擊者都是在城市附近和州際高速公路的上空發現三角飛行器。

　　2.目擊者清楚看到三角飛行器低空飛行。

　　3.目擊者清楚看到三角飛行器滯空飛行或盤旋。

　　4.三角飛行物會發出容易引起注意的亮光，有時是閃爍的白光，有時是類似迪斯可舞廳的紅綠藍三色光（參考圖7.3）。

　　早期的 UFO 目擊事件，都是極少數人看到，所拍到的 UFO 影像通常都是模糊不清，似有若無，難於鑑定真偽。比較起來，

這種神秘又巨大的黑色三角飛行器卻是近距離地靠近目擊者，
似乎是有意要人們明確認知到它的存在。會不會這一神秘又具
體的黑三角飛行器真的是外星 UFO 呢？

　　然而這次飛碟迷可能又要失望了。美國軍方高層不願透露姓
名的人士向媒體披露說，很多人目擊的「黑三角」，其實就是
美國秘密研製的一種飛行器，它的代號是「TR－3B」。這些人

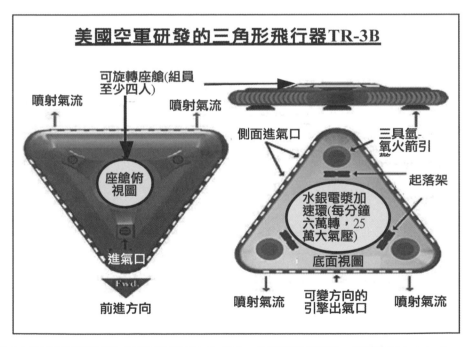

圖 7.4 美國空軍研發的三角形飛行器 TR-3B 的上、下視圖及側視圖。圖片來源： http://www.
disclose.tv/action/viewphoto/3094/nuclear_powered_flying_triangle/。

士介紹，TR－3B 不是虛構的東西，而是在 1980 年代研發的機密飛行器。實際真相是這種三角形航空平台是美國大型「極光」機密計畫的其中一部分。其他如研發 SR-75「穿透者」極超音速戰略偵察機以取代 SR-71 間諜飛機，也是這個機密計畫的產物之一。

　　目前已知 TR - 3B 是一種戰術偵察機，它首次飛行是在 1990 年代初，並在 1994 年開始服役。這種飛行器的外部塗層能夠對電了刺激做出反應，並能改變顏色、反射和吸收雷達波，使得這種飛行器在雷達上看起來像一架小型飛機或者什麼也看不到。有時候雷達甚至會誤判成「不同地點出現了數架飛機」。TR-3B 飛行器的幾個主要特色歸納如下（參考圖 7.4）：

1. 操作組員至少四名，座艙可隨攻角（angle of attack）及前進方向的改變而自由旋轉。

2. 飛行器是由三具氫-氧火箭引擎所驅動，均附有 3D 向量噴嘴，位於三角形機身的底面，三角形頂面上則有三個相對應的進氣口。三角形的三個邊上則附有側面進氣口及出氣口，以利於飛行器的側向水平飛行。

3. 在三角形機身的中心，圍繞著駕駛艙的，是一個水銀電漿加速

環（mercury plasma accelerator ring），它是一種被稱為「磁場中斷器」（Magnetic Field Disruptor， MFD）的等離子加速環，每分鐘六萬轉，操作在 25 萬大氣壓的環境下。該技術由「桑迪亞與利沃摩爾」實驗室開發，是世界上最先進的技術。「磁場中斷器」可產生一個磁漩渦場，對機身產生向上的磁浮作用力，據稱可以抵消機身 89％的重量。這就是「黑三角」飛行起來比之前製造的任何類型的飛行器都顯得輕巧的秘密所在。

最近一次聽聞 TR-3B 出現的報導是在 2013 年的 1 月份。1 月 10、13 號在美國陸續傳出有人看到一群不明飛行物在天空中盤旋、聚集。10 日在美國底特律，密西根州，一群朋友晚上在山上觀星或是賞月時突然看到這些不明飛行物，而報導這則新聞的 FOX2 電視台也表示：許多人都目擊到了這一群在天空排三角形的不明飛行物，並爭相在 FOX2 的臉書上留言。根據所拍到的影像，三個亮點會一起移動，但它們的相對距離卻不會變，這代表民眾所看到的，不是一群排成三角形飛行的物體，而是一個巨大三角形飛行器的三個頂點所發出的亮光。可見 TR－3B 黑三角偵察機服役已快 20 年了，大部分民眾還把它當成是神祕的不明飛行物。

俄羅斯的
埃基皮飛碟計畫

　　自從二次大戰接收來自德國的飛碟技術後，通過多年持續不斷的精進改良，俄羅斯在碟形飛行器領域已取得長足進展，有望製造出真正的飛碟。早在 1980 年代，俄著名飛碟設計師休金就成功推出取名埃基皮的碟形飛行器方案。20 多年來，俄先後又推出了埃基皮方案的各種民用和軍用改良型，其中包括（1）民用無人駕駛飛碟、（2）滅火飛碟、（3）能搭載 2000 名旅客的客運飛碟、（4）可用於反潛、巡邏及兵力與武器投放的軍用飛碟，並完成了各種縮比模型及個別全尺寸樣機的生產與試驗。

　　1993 年俄聯邦政府決定為埃基皮計畫提供預算資金，支持將一種起飛重量為 9 噸的埃基皮飛碟投入量產。但由於經費不足，量產未能實現。埃基皮係列飛碟的成功研發引起美國極大興趣，21 世紀初期美國與面臨資金困境的埃基皮主承包商——薩拉托夫飛機製造廠達成協議，合作推進埃基皮飛碟的研發。

圖 8.1 由俄羅斯埃基皮航空股份公司設計的一種飛碟狀航空器，這種航空器的機身是
一個像鐵餅似的圓盤，兩側有很短的機翼，後部有向外傾斜的雙垂尾。圖片來源： ㄊ
http://159.226.2.2：82/gate/big5/www.kepu.net.cn/gb/beyond/aviation/ plane/pla906.html。

　　進入 2010 年代，由俄羅斯埃基皮航空股份公司設計的一種
飛碟狀航空器，正在薩拉托夫飛機工廠試製。這種航空器的機
身是一個像鐵餅似的圓盤（參考圖 8.1），兩側有很短的機翼，後
部有向外傾斜的雙垂尾。所有的客貨以及發動機和機載設備，
都裝在上凸的盤艙內。

　　目前已完成的遙控縮小飛碟模型，已經在進行飛行試驗。它
不需要機場，因為它使用氣墊，可以在水面或平坦的陸地起降。
設計者構想這種航空器適用於運送大量物資和乘客，具有很好的
經濟性和安全性。正在製造的是起飛重量為 9 噸的試驗機，有效

載重 2.5 噸，或載客 18 ～ 20 人。另外起飛重量 40 噸、120 噸和 600 噸的方案也在研究之中。

埃基皮飛碟集三種技術於一身：邊界層控制、向量控制和氣墊技術，並具有低阻力、高升力、動力操控、垂直或短距起落的功能。其主要特色可歸納成以下幾點來說明之：

1. 翼化的飛升體

該飛行器與飛機的最大區別是取消了傳統的機身，代之以翼化的飛升體。傳統的機身以載人納物為主，同時確保其與機翼、尾翼的連接與可靠，以及為系統設備的安裝與管線的通過提供方便。普通飛機主要是做為承載體考慮，在空氣動力學上以減小阻力為目標。而飛升體則不同，既要達到載人納物的要求，又要達到在空氣動力學上產生足夠大的升力，及較小的阻力，並滿足操縱與控制的要求，技術水準較高。同時翼化的機身具有極大的卸載作用，這一點對於用所產生的氣動升力來抵消死重，確保優良的飛行性能顯得十分必要。

2. 小展弦比機翼

小展弦比機翼常用在現代高速飛機上，有利於減小飛行阻

力，並提高飛行速度。在埃基皮飛碟上採用小展弦比機翼可以減小誘導阻力，同時還可在翼面上設置副翼，進行操縱。採用下單翼佈局，還有助於縮短起落架結構尺寸，減輕結構重量。當需要迫降水面時，還有助於確保機上人員安全撤離。

3. 埋入式動力艙設計

該飛行器的發動機是安置在飛升體兩側內的動力艙中，而不是像翼吊發動機那樣暴露在外面，這樣可使飛升體的外形具有更好的流線形，以減小氣動阻力。同時，動力裝置工作時產生的抽吸效應，擴大了飛升體的壓差，有助於提高升力。由於飛升體內空間較大，所以採用這種埋入式設計便於動力裝置的維護。除此之外，採用隔音設備的動力艙，其噪音可被控制在 75 分貝以內，符合環境控制的要求。

4. V 型尾翼設計

該飛行器的尾翼為 V 型尾翼，它是由左右兩個翼面組成，並分別固定在飛機尾部兩側。中央呈扁平形狀。在扁平段上安裝了縫隙狀的向量噴嘴，從中排出的氣流專門用於姿態控制，包括機動飛行、水平推進和起飛／降落、滯空等等。V 型尾翼兼

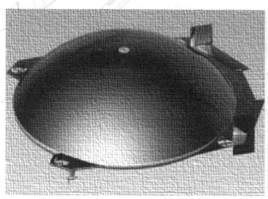

圖 8.2 俄專家新推出的飛碟「鍋駝掃描機」，兼具飛機、直升機和飛艇性能於一身，能一次運載 1500 噸貨物。上圖為縮小尺寸的模型，下圖為試飛的原型機。圖片來源：世界新聞報。

有垂直尾翼和水平尾翼的作用。其翼面可分為固定的安定面和鉸接的舵面兩部分。這種尾翼可兼具縱向和航向穩定作用。當兩邊舵面做相同方向偏轉時，可產生升降舵作用；當兩邊舵面作不同方向偏轉時，則可產生方向舵作用。

　　據俄通社報道，俄羅斯專家正在研製一種巨無霸飛碟，取名為「鍋駝掃描機」，其外形很容易讓人聯想到外星人乘坐的飛碟（參考圖 8.2）。該飛行器直徑達 250 米，高約 100 米，能運載 1500 噸貨物。它集飛機、直升機和氣艇的性能於一身，能直飛、會轉彎，可在空中停懸，也能垂直降落在地面或森林中。據報導，碟形設計賦予它出色的氣動性能，即便遭遇狂風也能保持

很好的飛行穩定性。

目前，俄研發人員已完成該飛行器縮小模型的製造，並進行了試驗機的開發。俄專家開發該飛行器的初衷，是要利用它將超大型貨物運送到地面交通工具無法抵達，而使用現有直升機和固定翼飛機在經濟上又很不划算的地方。

據報導，由於試飛性能出眾、載重量驚人，該飛行器一經推出，便被俄國內外潛在客戶紛紛看好。除了俄國防部表現出極大的興趣，俄緊急情況部準備拿它進行森林滅火，一些石油天然氣工業巨頭也想用它來運送鑽探設備，而法國一家衛星發射公司則認為可用它運輸運載火箭。

商業化的
飛碟交通工具

　　1961 年美國與加拿大合作研發的 AVROCAR 飛碟飛行器（參考圖7.1）試飛失敗後，AVROCAR 飛碟的設計理念其實並未完全消失。美國一家稱為 Moller 的航太公司接收了這個飛碟構想，並持續不斷地加以改良。其首款改良機型稱為 XM-2，早在 1962～ 1964 年間便已生產完畢，係針對 AVROCAR 動力不足的問題加以改進，將發動機數目從一台增加為二台，分別置於圓盤的兩側（原先只有一台，安裝在圓盤的中心）。不過當時的 XM-2 還是僅上升了一點點高度，未達預期的設計目標。

　　令人意外的是，Moller 公司並未因改良失敗而退縮，反而持續地改良下去。這一做，就做了 40 餘年。可想而知，這中間過程遇到許多資金不足以及飛碟性能無法提升的問題，但如同所有飛碟迷一樣，一切只為了實現一個飛碟夢。

　　2007 年 7 月 6 日，美國 Moller 公司發表了他們最新改良款

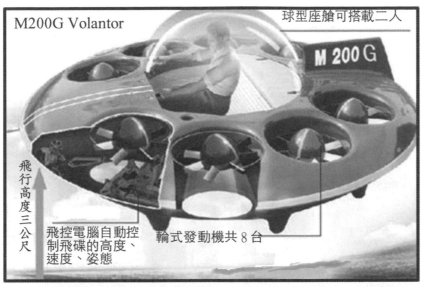

圖 9.1 2007 年美國 Moller 公司發表最新改良款的飛碟機:「M200G Volantor」,直徑 3 米,高約 1 米,最大飛行速度約 160 公里 / 小時,與普通汽車相當,續航距離約 160 公里,售價 9 萬美元。圖片來源: http://www. aviationinsurors.com/spaceship.html。

的飛碟機，並命名為「M200G Volantor」，其中發動機的數目已經從 2 個增加到 8 個，如圖 9.1 所示。此機型的功能定位在貼地飛行的新型交通工具，一次可容納兩人。藉助氣墊（cushion effect）效應，它可以在距離地面 3 米的高度上平穩飛行。M200G Volantor 的售價訂在 9 萬美元，約為一部高級轎車的價格。目前 Moller 公司已完成了所有相關試驗，正在生產所需的零件。據悉，現在已經有 6 台飛碟機體生產完畢。Moller 公司宣稱，可以在一天內完成一台飛碟的組裝工作。

M200G Volantor 的直徑為 3 米，高約 1 米，最大飛行速度約 160 公里 / 小時，與普通汽車相當，續航力同樣為 160 公里，也就是 1 小時的飛行時間。M200G Volantor 可在各種類型的地表上方飛行，其中除了普通的地面，還包括水面、沙漠、雪地、沼澤和草地。M200G Volantor 上面安裝有數台飛行控制電腦（flight control computer）以及飛行感測元件，如陀螺儀、加速儀及 GPS 等等，它們會監控飛碟的飛行高度與速度，同時自動保持飛碟橫向與縱向的平衡。所以透過自動控制系統的協助，對於 M200G 的操控並不需要接受複雜的訓練和特別許可。

「羅茲威爾飛碟墜落事件」至今已超過一甲子的歲月，儘管

外星人與 UFO 的真相仍然是撲朔迷離，但是有一件事情卻是確定的，那就是人類對於飛碟的飛行原理與製造技術越來越清楚。

　　數十年來，由於飛碟的掩護與啟發而發展出一系列的高性能戰鬥機，而高性能戰鬥機的製造技術又回饋到飛碟性能的提升。也許百年以後，外星人是真是假已經不重要了，因為地球上的人類已經發展出飛碟星際旅行的技術，能夠到達別的星球，而成了當地人眼中的外星人。

宇宙時空
路迢遙

前面 9 個單元介紹的是關於地表飛行人造飛碟的研發，從這一單元開始我們要介紹星際飛行的人造飛碟。不管是地球人主動出擊經由星際旅行去尋找有生命存在的星體，或者是外星人來地球探訪，要解決的共通問題都是在於：如何以有限的時間穿越漫長的星際空間。

距離太陽系在 10 光年[1] 內之恆星總共有 7 個，其中最近的是半人馬座的 α 星，它是由 3 個星球所組成的三合星系統，其中最靠近太陽的是 α 星 C，又稱為比鄰星（Proxima Centauri），距離太陽大約 4.22 光年。

如果假設比鄰星有生命現象的話，則人類需要穿越 4.22 光年的遙遠距離才能到達比鄰星。於 1972 年發射的先鋒 10 號無人太空船，於 1973 年通過木星後，現在已飛出太陽系，朝著洛斯 248 恆星的方向飛去。洛斯 248 星距離太陽十‧四光年（9.84×10^{13} 公里），是第八近的恆星。先鋒 10 號在與地球失

----

1. 1 光年指光在一年內所行進的距離，約為 9.46×10^{12} km=9 兆 4 千 6 百億公里。

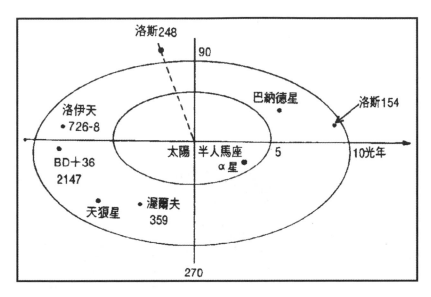

圖 10.1 距離太陽系在 10 光年內的幾顆恆星，其中最近的是半人馬座 α 星，距離我們 4.22 光年；其次是巴納德星，距離 5.96 光年。

去聯絡前的速度是 43500 公里 / 小時，時間等於距離除以速度，所以先鋒 10 號需要花 25 萬 8 千年之後才會到達洛斯 248 星。25 萬年對人類歷史而言是一段非常漫長的歲月，約略等於舊石器時代猿人進化到現代人所需要的時間。這個簡單的計算告訴我們，以現有的太空科技要進行太空旅行仍是多麼困難。

　　先鋒 10 號（Pioneer 10 或 Pioneer F）是美國航太總署 NASA 在 1972 年 3 月 2 日發射的一艘重 258 公斤的無人太空飛行器（參

見圖10.2），用意是為了研究小行星帶、木星的周遭環境、太陽風、宇宙射線以及太陽系的最外圍邊界。它是人類史上第一個安然通過火星與木星之間有如地雷般危險的小行星帶，以及第一個拜訪木星的太空飛行器[2]。

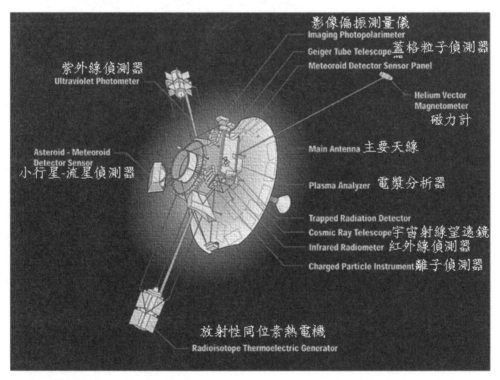

圖 10.2 先鋒 10 號無人探測船的外觀及其組成架構。圖片來源： http://tupian.baike.com/a1_6 2_04_013000003290921235990403090 44_jpg.html。

2. 節錄自中文維基百科，條目：先鋒十號。

1985 年 6 月 13 日，先鋒 10 號飛越當時距離太陽最遠的海王星，成為第一個離開太陽系的「人造物體」。當時的速度更高達每秒鐘將近 14 公里，創下了有史以來人造物體最快的速度。由於它本身電力的限制以及對地球距離過於遙遠，導致 2003 年 1 月 23 日之後與控制中心失聯。

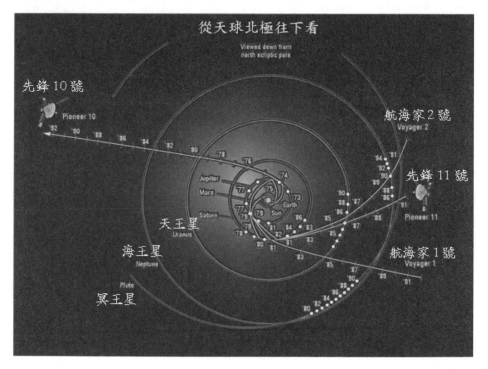

圖 10.3 四艘無人探測船：先鋒 10 號、先鋒 11 號、航海家 1 號、航海家 2 號，在太陽系的位置（從天球北極往下看）。在西元 2000 年時，這 4 艘飛船都已超越冥王星的軌道。圖中的數字代表幾個天文單位（日地間距離）。圖片來源：http://zh.wikipedia.org/wiki/File：72413main_ACD97-0036-3.jpg。

　　在最後一次與之聯繫時，先鋒 10 號距離地球的距離是 122.3 億公里。這一紀錄，一直保持到 1998 年 2 月 17 日，就在這一天，另一艘無人探測船航海家 1 號（1977 年發射），它與太陽的距離和先鋒 10 號相同（都是 69.419 AU[3]）。但是由於航海家 1 號的速度優勢（每年大約比先鋒 10 號多飛行 1.016 AU），所以它與太陽的距離從那天以後就超過了先鋒 10 號（參見圖 10.3）。

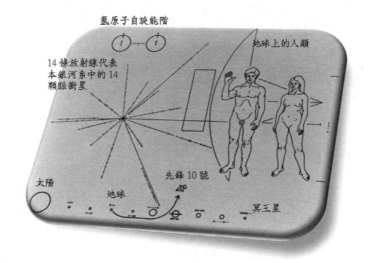

氫原子自旋能階

14 條放射線代表本銀河系中的 14 顆脈衝星

地球上的人類

太陽

地球

先鋒 10 號

冥王星

圖 10.4 先鋒 10 號無人探測船攜帶了一塊人類向外星人問候的鍍金鋁板，上面並標明我們在銀河系的位置。圖片來源：http://zh.wikipedia.org/wiki/File: Pioneer10-plaque.jpg。

3.AU 就是一個天文單位，相當於 149,597,871 公里（92,955,807 英里），這就是地球與太陽間的平均距離。由於日地間之距離不是固定值，所以在 2012 年 8 月，於中國北京舉行的國際天文學大會（IAU）第 28 屆全體會議上，天文學家以無記名投票的方式，決定把天文單位固定為 149,597,870,700 米。

　　雖然現在先鋒 10 號已經與地球失聯了，但它上面攜帶了一塊人類向外星人問候的鍍金鋁板（見圖 10.4），其上並標明了我們在銀河系位置。

　　先鋒鍍金鋁板[4]上刻有一男一女的畫像，及一些符號用以表示這艘探測船的來源。就像海中漂浮的瓶中信，這段訊息將會一直在星際間漂浮，直到它被外星生命尋獲。這塊鍍金鋁板裝嵌在探測器上天線的主柱之下，用以保護其不受太空塵所侵蝕（見圖 10.5）。

　　在鍍金鋁板的左上角位置上，刻有一個氫原子內自旋躍遷的圖像，因為氫是在宇宙裡廣泛存在的物質。在這個符號之下有一條短的直線，用以表示二進制裡的「1」。在氫原子內，電子由自旋向上的狀態躍遷到自旋向下的狀態，會發射出波長 21 公分，頻率為 1420 兆赫的微波。以這兩個數字當成長度及時間的基本單位，用以詮釋板上其他符號的含意。例如整塊鍍金鋁板的寬度有 22.9 公分，接近氫原子的自旋輻射波長。

　　在板的右方，繪有一男一女的畫像站在探測器的前面。在女性畫像旁，繪有以二進制方式表示的「8」。利用從左方的氫原

4　取材自中文維基百科，條目：先鋒鍍金鋁板。

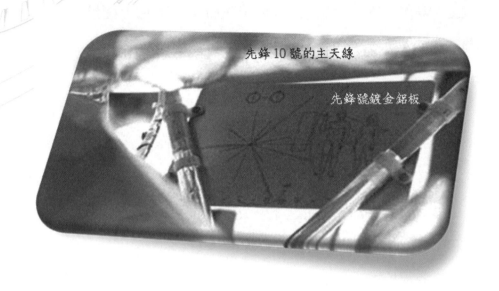

先鋒 10 號的主天線

先鋒號鍍金鋁板

圖 10.5 先鋒 10 號的鍍金鋁板裝嵌在天線的主柱之下，用以保護其不受太空輻射線所侵蝕。
圖片來源： http://zh.wikipedia.org/wiki/File：GPN-2000-001621 -x.jpg。

子內自旋躍遷計算出來的長度單位：8 個單位 × 21 公分 = 168 公分。表達出了地球女性的平均身高約 168 公分左右。另外，男性畫像的右手上舉以示友好，雖然這個手勢並非整個宇宙通行，但至少表示人類的拇指和手臂是可以活動的。

　　在板的左方繪有一個放射性的符號，上面的 15 條直線均由同一個地方放射出來。當中的 14 條線上有一列以二進制形式寫上的數字，這表示了銀河系中 14 顆脈衝星（中子星）的脈衝訊號週期。

由於每一顆脈衝星的訊號週期會隨時間而變化，所以外星人可以依據當時的脈衝週期，計算這個太空船的發射時間。線條的長度表示了那些脈衝星相對於太陽的距離。每段線條尾部的記號則表示了其交錯於銀河平面上的 Z 座標。

一旦外星人尋獲這塊板，可能從他們那裡只看見當中幾顆脈衝星而已。故標示 14 顆脈衝星之多，可以給予更多的座標，即使他們只看見其中的幾顆脈衝星，仍然可以透過三角測量的方法來計算這艘探測器的來源位置。至於第 15 條線則向右伸延到人類繪圖之後，這條線表示了太陽與銀河系中心的相對距離。

在板的底部繪有太陽系的圖示，及一個細小的圖形以代表探測器。從圖中可以看到探測器經過木星後離開太陽系的軌道。土星更繪上了光環，希望以這個特徵來凸顯出太陽系，便於尋找。在每個行星旁的一組二進位數字，表示每個行星距離太陽的相對距離。單位相等於水星公轉軌道的十分之一。

上面對於板上圖案的詮釋，是以人類觀點去解釋宇宙的結果，外星人是否看得懂當然還是一個問題。雖然板面的設計是利用了有限的空間來盡量承載最多的訊息，但實際上就連科學家也幾乎沒有一位能完全明白板上的所有意思。有人質疑這麼

精簡的圖案，對於外星的高智慧生物來說可能更難解讀，因為他們未必與我們一樣擁有相同的知識背景。對於這樣一塊密碼板，一旦被外星人發現，可能需要花上好幾代的時間去破解，就像我們破解古埃及的象形文字一樣，花了好幾個世紀的時間。但另一個說法是，我們過於杞人憂天了，以外星人的智慧要破解這樣的密碼應該是不費吹灰之力。

星際旅行的第一停靠站

半人馬座阿爾法星

人類星際旅行的第一停靠站當然是離太陽系最近的恆星：半人馬座阿爾法星（中國星象學的南門二）。星際旅行的冒險小說與電子遊戲中經常出現這樣的劇情，當地球人口爆炸以致資源耗盡，或是遭到小行星撞擊而毀滅時，人類必須針對半人馬座的阿爾法星進行開發與殖民活動。

想不到這一科幻小說的情節竟有可能成真，因為就在 2012 年，天文學家發現了阿爾法星的外圍運行著一顆像地球的行星。不管這顆行星上有無生命，至少證實了星際旅行第一停靠站確實存在著，等著我們去開發。人類何時才能發展出星際航行技術，出發前往阿爾法星，目前還是一個未知數；但是大家可能不知道，人類的先遣部隊卻早已啟程了。

於 1977 年發射的航海家 1 號無人探測船，目前已飛出太陽系進入星際空間，並且仍和地球保持正常通訊，而它的飛行方向正是朝向半人馬座阿爾法星而去。在半人馬座阿爾法星中發

圖11.1 在台灣的天空，要到春季晚上才能看到半人馬座出現。半人馬座的南門二（阿爾法星）就是離太陽最近的恆星，它與另一顆恆星馬腹一合稱南門雙星，曾做為鄭和下西洋時的導航星。圖片來源： http://aeea.nmns.edu.tw/ 2003/0304/ap030405.html。

現類地行星，這是在距離地球最近的恆星系統中發現可能存在宇宙生命或可供人類居住行星的重要一步。

　　半人馬座 （Centaurus） 原本是秋天夜晚的星座，但在北半球的華南和臺灣地區，在春季晚上才能看到半人馬座出現（參見圖11.1）。半人馬座與圓規座交接處有兩顆極為靠近的亮星， 一顆就是黃色的南門二（阿爾法星，Rigil Kentaurus），另一顆則

是白色的馬腹一（Hadar）， 它們是半人馬座中最亮的兩顆星，同時以做為南十字星座最外圍的指引而聞名，因為南十字星座的位置太過南邊，所以大部分的北半球都看不到。傳聞 14 世紀鄭和下西洋時，曾用它們來導航， 故並稱「 南門雙星 」。

半人馬座阿爾法星實際上是一個三星系統，此三星分別以代號 A、B、C 稱之。阿爾法星 A 與阿爾法星 B 是一對密近雙星（參見圖 11.2），相互公轉的週期為 80 年，距離太陽為 4.24 光年（約 277，600 天文單位）。第 3 個成員阿爾法星 C 是一顆紅矮星[1]，它非常黯淡，肉眼看不到，然而它就是知名的比鄰星（Proxima Centauri），距離太陽為 4.22 光年，是已知最接近太陽的一顆恆星。阿爾法星 B 是全天空第 4 明亮的恆星，不過因為它與阿爾法星 A 距離過近，肉眼無法分辨出二者，所以它們的綜合視星等為 -0.1 等（超過第 3 亮的大角星），絕對星等[2]則為 4.4 等。

---

1. 紅矮星的直徑及質量均低於太陽的三分一，表面溫度也低於 3,500 K。釋出的光也比太陽弱得多，有時更可低於太陽光度的萬分之一。 由於內部的氫元素核聚變的速度緩慢，紅矮星不會膨脹成紅巨星而耗盡氫氣。 它們會保持穩定的光度和光譜持續數千億年。由於現在宇宙的年齡有限，還沒有一顆紅矮星可以發展到最後的階段（中文維基百科）。

2. 有些星體看起來很亮，只是因為距離地球近，因此僅憑目視星等無法決定恆星本身的亮度。我們必須從相同的距離觀察恆星，如此才能比較它們的發光強度。我們把從距離星體 10 個秒差距（32.6 光年）的地方看到的目視亮度（也就是視星等），叫做該星體的絕對星等。

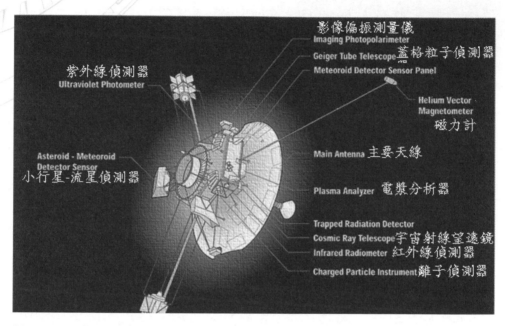

圖 11.2 阿爾法星 A 與阿爾法星 B 是一對密近雙星。2012 年 10 月 16 日，天文學家在阿爾法星 B 旁發現一顆質量相當於地球的行星，它是距地球最近的系外行星，必然是星際移民的第一目標。圖片來源：http://it.sohu.com/20121018/ n355098759.shtml。

　　自十九世紀以來，天文學家就推測半人馬座阿爾法三星系統中可能存在行星，並且提出了在這個距離太陽系最近的恆星系統中存在宇宙生命的可能性。行星組成模式顯示類地行星可以在接近半人馬座阿爾法星 A 與阿爾法星 B 的位置來形成，但是類似木星與土星的類木行星則因為雙星的重力影響而無法形成。然而由於之前觀測儀器的精度不夠，遲遲無法證實阿爾發

三星系統中所隱藏的類地行星。

　　直到 2012 年 10 月 16 日，天文學家正式宣布在半人馬座阿爾法星 B 旁發現一顆質量相當於地球的行星環繞。科學家使用位於智利的歐洲南方天文臺，拉希拉觀測站 3.6 米口徑的高精度視向速度系外行星搜索器，探測到了該天體的存在。本項研究成果發表在 2012 年 10 月 17 日出版的《自然》雜誌上。天文學家對半人馬座阿爾法星進行了為期 4 年多的觀測，才確認了這一顆行星的存在，它是圍繞著阿爾法星 B 進行公轉，週期為 3.2 天。

　　由於該行星的存在，阿爾法星三體系統的運動呈現出微小的擺動，正是這微小的變化被高精度系外行星探測器所捕捉到，才發現了該行星。半人馬座阿爾法星 B 非常類似我們的太陽，但是略小一些，而且亮等也稍微低一些。新發現的行星質量與地球非常接近，可能會略大一些，行星軌道距離主星約為 600 萬公里，比水星距離太陽的軌道半徑更小。

　　自從 1995 年天文學家發現了第一個系外行星，到目前為止總共已經確認了超過 800 個系外行星。但是這些行星都比地球大得多，且很多是和木星類似的巨型氣態行星世界。比較起來，2012 年所發現的阿

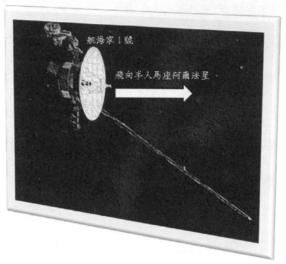

航海家 1 號

飛向半人馬座阿爾法星

圖 11.3 於 1977 年發射的航海家 1 號無人探測船，目前已飛出太陽系進入星際空間，並且仍和地球保持正常通訊，而它的飛行方向正是朝向半人馬座阿爾法星而去。圖片來源： http://tamweb.tam.gov.tw/v3/TW/content.asp? mtype=c2&idx=371。

爾法星旁的類地行星具有非常特殊的意義，它不僅是距地球最近的系外行星，其大小與質量也最為接近地球。

　　雖然現在人類的載人星際航行技術還不成熟，但我們的無人先遣部隊卻已先出發了。於 1977 年發射的航海家 1 號（Voyager 1）無人探測船目前正悄悄地往半人馬座阿爾法星的方向飛去，上面並攜帶了一張銅質磁碟唱片，以各種語言及音樂表達了人類對外星人的問候。

　　航海家 1 號原先的主要目標，是探測木星與土星及其衛星與環。

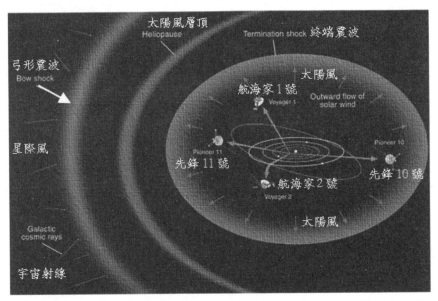

圖 11.4 航海家 1 號於 2012 年的位置介乎太陽系與星際物質之間的終端震波區域。圖片來源：http://news.bbc.co.uk/2/hi/science/ature/4576623.stm。

現在任務已變為探測太陽風層頂，以及對太陽風進行粒子測量。於 1970 年代發射的四艘無人探測船中，航海家 1 號離地球最遠，目前也只剩下航海家 1 號和地球保持正常的通訊運作（參見圖 11.4），其他三艘已失聯。

截至 2012 年 2 月 10 日為止，航海家 1 號離太陽 179.1 億公里（即 119.4 天文單位），進入了日鞘，即介乎太陽系與星際物質之間的終端震波區域（參見圖 11.4）。如果航海家 1 號最終在離開太陽風層頂後仍能有效運作，科學家們將有機會首次量

度到星際物質的實際情況。依據現時的位置，太空飛行器發出的電磁波訊號需要 17 個小時才能抵達地球的控制中心。航海家 1 號目前的相對速度是 17.062 公里 / 秒或 61，452 公里 / 每小時，相當於每年飛行 3.599 天文單位。航海家 1 號在這樣的方位和速度下將會花上 7 萬 3 千 6 百年的時間經過半人馬座阿爾發星 C（比鄰星）。

航海家 1 號探測船是以三塊放射性同位素熱電機[3] 做為動力來源。這些發電機目前已經大大超出了起先的設計壽命，一般認為它們在大約 2020 年之前，仍然可提供足夠的電力令太空飛行器繼續與地球聯繫。2012 年 6 月 17 日，美國航太總署公布，經過 35 年的飛行，航海家 1 號已經離開太陽系，成為首個離開太陽系的人造物體。探測器目前依靠放射性同位素熱電產生器發電，系統最低限度運作至二○二○年，到時航海家 1 號將繼續向半人馬座阿爾法星前進，但再也不會向地球發回數據了。

航海家 1 號上攜帶了一張銅質磁碟唱片，向「外星人」表達人類的問候。這張唱片有 12 英吋厚，鍍金表面，內藏留聲機針（參見圖 11.5）。內容包括用 55 種人類語言錄製的問候語和各類音樂，這 55 種人類語言中包括了古代美索不達米亞阿卡得語

---

3. 放射性同位素熱電機 (Radioisotope Thermoelectric Generator，縮寫 RTG) 是一種利用放射性衰變獲得能量的發電機。此裝置利用熱電偶陣列接收了一些合適的放射性物質，在其衰變時所放出熱量，再將其轉成電能（中文維基百科）。

等非常冷僻的語言,以及四種中國的語言(粵語、國語、閩南語、吳語)。問候語為:「行星地球的孩子(向你們)問好」。唱片還包括了以下內容:

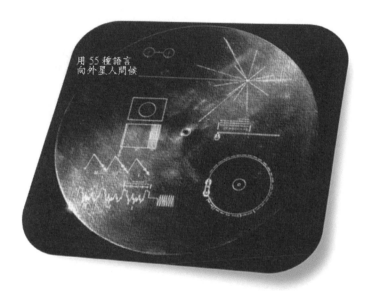

用 55 種語言
向外星人問候

圖 11.5 航海家 1 號上攜帶了一張銅質磁碟唱片,向「外星人」表達人類的問候。內容包括用 55 種人類語言錄製的問候語和各類音樂。圖片來源: http:// zh.wikipedia.org/wiki/File: The_Sounds_of_Earth_Record_Cover_-_GPN-2000-001978.jpg。

・時任聯合國秘書長庫爾特 • 瓦爾德海姆的問候。

・時任美國總統卡特的問候,內容是:「這是一份來自一個遙遠的小小世界的禮物。上面記載著我們的聲音、我們的科學、

我們的影像、我們的音樂、我們的思想和感情。我們正努力
生活過我們的時代，進入你們的時代。」

- 一個 90 分鐘的聲樂集錦，主要包括地球自然界的各種聲音以
及 27 首世界名曲，其中有中國古琴曲《流水》、莫扎特的《魔
笛》和日本的尺八曲等。

- 115 幅影像，太陽系各行星的圖片、人類生殖器官圖像及說明等。

星際航行計畫的實現
核聚變火箭

　　1970 年代發射的先鋒號與航海家系列無人探測船，主要是針對太陽系內行星的探測，雖然它們已陸續飛離太陽系，但電力系統的運作大都已超過其當初的設計年限，無法再回傳後續的資訊給在地球的控制中心；在另一方面，它們的飛行速度並不適合做為星際航行之用。上一單元我們曾提到，航海家 1 號雖然是目前速度最快的人造飛行器（17 公里 / 秒），但以這樣的速度要到達離我們最近的恆星——半人馬座的阿爾法星，卻仍需要經歷 7 萬 3 千 6 百年的漫長歲月。

　　為了星際航行，我們必須開發速度更快的飛行器，於是代達羅斯計畫[1]（Project Daedalus）乃孕育而生。它是英國星際學會

----

1. 代達羅斯（Daedalus）是希臘神話中一個著名的工匠，來自雅典，是厄瑞克族人。他有一個兒子叫做伊卡洛斯。代達羅斯因嫉妒自己弟子塔洛斯（Talus）的才華，而殺害了他，因此被趕出了雅典。代達羅斯後來為克里特島的國王米諾斯建造了一座迷宮，用於關押半牛半人的怪物彌諾陶洛斯，但是連他自己都逃不出自己所建的迷宮。太空船命名所根據的典故源自代達羅斯造出用蜜蠟做成的翅膀，嘗試飛出迷宮。他的兒子伊卡洛斯（Icarus）率先飛出，但不幸的，這個翅膀是失敗的作品，造成他痛失愛子，遺憾萬分。

代達羅斯太空船

巴納德星

圖 12.1 代達羅斯計畫中所設計的核聚變太空船，可加速到光速的 12%，預計以 50 年的時間到達巴納德星。圖片來源： http://www.flightglobal.com/ features/space-special/Aiming-for-the-stars/。

（British Interplanetary Society）在 1973 至 1978 年之間倡導的研究計畫，考慮使用無人太空船對另一個恆星系統進行快速的探測。理論建議使用聚變火箭並且只要 50 年的時間，亦即在一個人的有生之年內，就可以抵達巴納德星，距離太陽系第二近的恆星（5.96 光年）。

巴納德星[2]之所以成為天文學家所矚目的熱門星球，是因

2. 巴納德星位於蛇夫座 β 星附近，位置赤經 17 時 58 分，赤緯 4 度 41 分，星號為 BD ＋ 04° 3561a，它是由美國天文學家愛德華 · 愛默生 · 巴納德於 1916 年在葉凱士天文台發現的，為紀念他在天文學的貢獻，後來稱之為「巴納德星」。

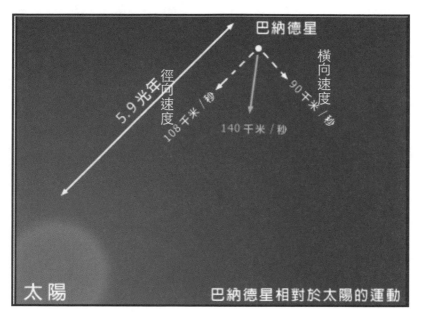

圖 12.2 巴納德星是目前所有已知恆星中自行運動最快的恆星。巴納德星相對於太陽的運動，橫方向的相對速度為 90 公里 / 秒，此即所謂的「自行」運動，徑方向的相對速度為 108 公里 / 秒。圖片來源： http://www.lcsd.gov.hk /ce/Museum/Space/FAQ/star/c_faq_star_34.htm。

為它有幾點與眾不同的地方。第一它是目前所有已知恆星中，自行運動[3]最快的恆星，因此有時候也叫做逃亡之星（Runaway Star），它的自行比大熊座的飛行之星快一倍。一般恆星的自行，一年還不到 1 角秒，而巴納德星的自行一年是 10.31 角秒，這相當於只需 175 年，就可在天上移動一個月亮直徑的距離。

3. 自行是指恆星在天球上，每年所移動的角度，以角秒為單位，3600 角秒才合一般角度裡的 1 度。

如過換算成實際的移動距離，巴納德星相對於太陽系的橫向位移是 90 公里 / 秒，而徑向位移是 108 公里 / 秒，朝向太陽系，如圖 12.2 所示。雖然現在的巴納德星是第二接近我們太陽系的恆星，但由於它正快速接近太陽系之中，預估西元 11800 年時，巴納德星距離地球僅 3.85 光年，那時它就超越了半人馬座的阿爾法星，成了除太陽以外離地球最近的恆星了。所以如果將恆星的自行運動考慮在內，星際航行的第一停靠站應是巴納德星，而非半人馬座的阿爾法星，這正是代達羅斯太空船航向巴納德星的原因。

另一個巴納德星吸引人的地方，是這顆恆星周圍很可能有兩顆大小約等於木星和土星的行星在圍繞著它旋轉，是離我們很近的另一個太陽系。巴納德星屬於紅矮星，表面溫度約為 3000 K，亮度很弱，以肉眼觀測是看不見的。若將它和太陽放在一起，則它的明亮度只有太陽的萬分之四。它的質量約為太陽的 17 %，直徑約是太陽的 1/6，相當於只有地球的 20 倍大。

為了提供太空船巨大的動力，以便在 50 年內，能夠飛行 6 光年。火箭工程師阿蘭 - 邦德率領的 13 人研究小組提出了核聚變火箭的構思。核聚變又稱核融合，它是模仿太陽內部產生能

量的方式,所以又稱人造太陽。核聚變是在火箭發動機的內部,
用磁場構築一個燃燒室(參見圖 12.2),中間放有核燃料,再向核
燃料球發射電子束,產生離子(帶電原子核),並透過環形磁
場來加速離子,產生高熱電漿(又稱等離子體)。當磁場加熱
到足夠溫度時,原子核的動能才足以克服彼此的正電庫倫排斥
力,融合在一起,並釋放出能量。

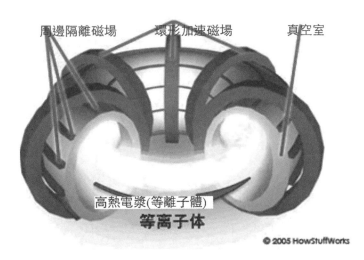

圖 12.3 核聚變火箭用周邊磁場構築一個燃燒室,並用環型磁場加速原子核,使其獲得足
夠動能,克服彼此的庫倫排斥力,融合在一起,並釋放出能量。圖片來源:http://science.
bowenwang.com.cn /fusion-reactor3.htm。

由於核聚變發生時的溫度非常高(攝氏百萬度以上),沒有
任何實質材料可做為燃燒室的外壁,故只能用無形的磁場限制

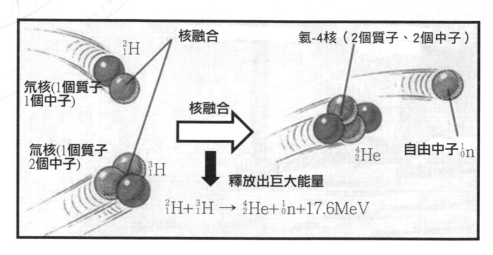

圖 12.4 核聚變是指氫的同位素氘（$_1^2$H）和氚（$_1^3$H）在超高溫條件下，發生原子核互相聚合作用，生成較重的氦原子核（$_2^4$He），及自由中子（$_0^1$n），並釋放出 17.6 百萬電子伏特的能量。圖片來源：http://www.zhihu.com/question/20328896。

電漿的運動範圍，並透過磁場的加速使得原子核獲得足夠的動能以進行核融合。

核聚變是指由質量輕的原子，主要是指氫[4] 的同位素氘（$_1^2$H）和氚（$_1^3$H）在超高溫條件下，發生原子核互相聚合作用，生成較重的氦原子核（$_2^4$He），及自由中子（$_0^1$n），並釋放出巨大的能量（17.6 百萬電子伏特），其核反應式為（參見圖 12.4）

---

4. 正常的氫原子核中只有一個質子，沒有中子。氫的同位素『氘』則是含有一個質子，一個中子，符號記做 $_1^2$H，其中的上標 2 代表質子數與中子數的總和，下標 1 代表質子的數目。氫的第二個同位素『氚』則是含有一個質子，二個中子，符號記做 $_1^3$H，因為它的質子數與中子數的總和是 3，而質子數仍是 1。

$$^2_1\text{H} + ^3_1\text{H} \rightarrow ^4_2\text{He} + ^1_0\text{n} + 17.6\text{MeV} \tag{12.1}$$

1公斤的氘全部聚變所釋放的能量，相當1萬1千公噸煤炭。氘廣泛存在於水中（氘和氧原子組成的水就是重水），每 6700 個正常氫原子中就有一個是氘。海水中所包含的氘數量，超越我們的想像，而且從海水中提煉氘是容易的。目前提煉 1 公斤氘的價格在 300 美元以下，且越來越便宜。相比之下，1 公斤濃縮鈾的價格是 12000 美元。

至於氫核聚變的另一原料氚（^3_1H）在自然界中不存在，需要以人工提煉之。它是地球上最貴的東西之一，一克氚價值超過 30 萬美元，僅在美國保存有 30 公斤左右的氚。幸運的是，氚可由鋰元素的分裂而得到，而鋰又是地球蘊藏最豐富的元素之一，估計有 2000 多億噸之藏量，而海水中就包含足夠的氯化鋰，從中可分離出鋰。鋰（^6_3Li）在被高速中子轟擊之後，就會裂變產生氚：

$$^6_3\text{Li} + ^1_0\text{n} \rightarrow ^4_2\text{He} + ^3_1\text{H} \tag{12.2}$$

上式反應中的高速中子可由氘-氚的聚變反應來提供。由（12.1）式知，氘和氚聚變反應後，除了形成一個氦原子核之外，還有一個多餘的中子，並且能量很高。我們只需要在核聚變的反應

圖 12.5 氫彈爆炸所產生的冷凝雲。氫彈是不可控制的爆炸性核聚變，它是先透過原子彈（即鈾分裂）爆炸所產生的高溫高壓環境，誘導出氘－氚的核聚變反應，再瞬間釋放比原子彈強千倍的爆炸能量，帶來毀滅性的災難。圖片來源： http://www.sinoec.net/society/UploadFiles_3563/200905/2009050909045751.bmp

體之內，保持一定比例的鋰原子核濃度，那麼核聚變產生的中子就會轟擊鋰核，促使鋰核裂變，產生一個新的氚，這個氚則繼續參與氘－氚反應，繼而產生新的中子，於是形成鏈鎖反應。所以理論上我們只需要給反應體提供兩種原料－氘和鋰，就能實現氘－氚的核聚變反應，並且維持它的進行。

　　其實人類早已實現了氘與氚的核聚變——氫彈爆炸，但氫彈是不可控制的爆炸性核聚變，瞬間能量的釋放帶給人類毀滅

性的災難。如果能讓核聚變反應按照人們的需要，長期持續釋放，則可為地球人類或星際太空船提供永不間斷的能量來源。

目前全世界核電廠所產生的核能均是源自核分裂（鈾235的核裂變），而不是核聚變。核分裂不僅會產生放射性的核廢料，而且效率也比核聚變低很多。在鈾235的裂變中，236個核子參與反應只得到200MeV（百萬電子伏特）左右的能量，而氘與氚的核聚變中（參見圖12.4），5個核子就得到了17.6MeV，也就是說單位質量的核燃料，核融合得到的能量是核分裂的3倍左右。這就是為什麼氫彈的威力遠大於原子彈的原因。

以更具體的數據來說明二者的差異，一個產出百萬千瓦的火力發電廠而言，每年消耗的煤是210萬噸；如果這個發電廠是用核分裂發電，它需要30噸的核燃料；如果它是核聚變發電廠，則燃料只需要600公斤，而且產物是極為穩定的鈍氣-氦，不會造成任何環境的污染。核聚變的超高燃燒效率說明了為何我們需要利用它為動力來進行星際航行。

有了核聚變的基本了解後，我們再回來看代達羅斯計畫中的核聚變火箭。考慮到太空船的長時間旅程，核聚變的原料必須容易攜帶且能夠由外太空不斷的補充，所以太空火箭內所進

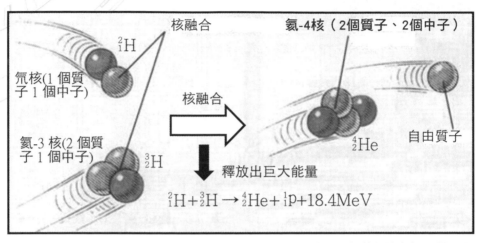

圖 12.6 以核融合（核聚變）為動力的太空船，在其內部的反應室進行著氘核與氦-3核融合成氦-4核的反應，並釋放出 18.4 百萬電子伏特（MeV）的能量。

行的核聚變反應與地球上的核聚變反應式（12.1）有些差異（參見圖 12.6）：

$$_1^2H + {}_2^3H \rightarrow {}_2^4He + {}_1^1p + 18.4MeV \qquad (12.3)$$

上面的式子表達了氘核（$_1^2H$）與氦-3核（$_2^3He$）融合成氦核（$_2^4He$）的核融合反應，並釋放出一個中子（$_1^1p$）及 18.4 百萬電子伏特（MeV）的能量。比較（12.1）式及（12.3）式，可以發現氘核與氦-3核融合後所釋放的能量，比氘核與氘核的融合能量高一些，而且融合時所需的環境溫度也相對較低，亦即比較容易進行核聚變反應。

飛船使用氦的同位素氦 -3，以取代氫的同位素氘，做為核

代達羅斯太空船

聖保羅教堂

圖 12.7 代達羅斯計畫中的核聚變太空船，太空船體積巨大，遠超過聖保羅大教堂。圖片來源：圖片來源：http://www.bis-space.com/what-we-do/projects/ project-daedalus。

聚變的原料，這是因為氦 -3 在地球上很少，但是在月球以及氣態行星（木星）上卻蘊藏量豐富。科學家認為採集木星氦 -3 的方式可以用一根「空心繩」，在軌道上將木星大氣中的氦 -3 吸取上來。同時這根空心繩還可以用來切割木星的磁力線，達到發電的效果。

　　代達羅斯計畫雖是一個無人太空船，卻重達 5.4 萬公噸，相當於半艘尼米茲級核動力航空母艦的質量，它是艘真正的星際飛船，

其中燃料的質量達 5 萬公噸，科學儀器質量只有區區的 500 公噸。
當太空船立在聖保羅教堂旁時，巍峨的教堂頓時變成玩具般的渺
小（參見圖 12.7）。

因為實在太大，所以這個無人太空船將在地球軌道上建造。
代達羅斯探測器是個兩級的飛行器（參見圖 12.8），第一級工作 2
年，把它加速到光速的 7.1%。之後第二級工作 1.8 年，把它加
速到光速的 12%，然後關閉發動機，在茫茫太空中巡航 46 年，

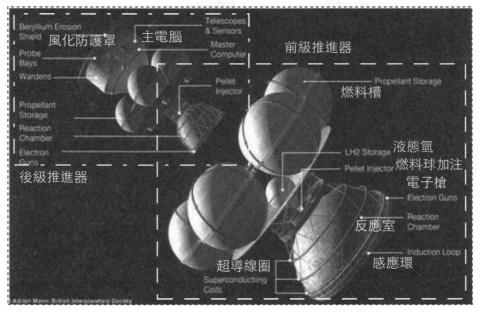

圖 12.8 代達羅斯太空船是個兩級的飛行器。第一級運作 2 年，加速到光速的 7.1%，第二
級運作 1.8 年，加速到光速的 12%。圖片來源： http://www.bis-space. com/ what-we-do/
projects/project-daedalus。

最後到達目的地──巴納德星。因為在太空中要面對極低溫的考驗，探測船外殼大量使用了鈹（元素符號 Be），使飛行器在低溫中仍然能保持結構強度。

代達羅斯計畫所要製造的無人太空船，多年來一直還停留在設計的階段，而當初所要登陸的目標恆星──巴納德星，經過20 多年的觀測，也逐漸排除其周圍有類地行星的存在。來自加州大學伯克萊分校的一組天文學家們通過都卜勒測量技術分析了 248 顆目標恆星，對恆星內側軌道是否有行星的存在，進行了精密測定。這些觀測資料來自 1987 年至 2012 年凱克天文臺的觀測結果。不幸的是，通過該天文學家小組的分析結果，巴納德星可居住帶上，似乎並不存在適合人類居住的行星世界，沒有發現類似地球這樣的岩質行星環境。

百年星艦宇宙航行計畫
人造太陽

20 世紀的代達羅斯計畫最終並沒有實現，但它的設計構想經過多次的修正與改良，已逐漸趨於成熟。尤其是核聚變技術在近年來已取得突破性的進展，這使得核聚變太空船的實現更加樂觀。

時序進入 21 世紀後，英國星際學會的伊卡洛斯[1] 星際航行計畫，以及美國的「百年星艦[2]」宇宙航行計畫，繼承了代達羅斯計畫的理念，企圖製造一艘 5 萬噸級的巨型核聚變飛船，能以 12% 光速飛行，並最終抵達另一個恆星系統。我們知道在希臘神話中，伊卡洛斯正是代達羅斯的兒子的名字，伊卡洛斯星際航行計畫所要表達的就是人類對於星際航行任務的世代傳承與接棒。

---

1. 伊卡洛斯星際公司是一個致力於研究科學和技術使得人類在 2100 年進行真正意義上星際航行的非營利性機構，由英國星際協會與 Tau Zero 基金會發起，物理學家、博士後研究員理查· 奧伯塞（Richard Obousy）是該計畫的聯合創始人。
2. 美國百年星艦宇宙航行計畫，http://city.udn.com/66275/4867841?tpno=6& cate_no =0#ixzz2MfRcTRmx

太空船在地球軌道上組裝

圖 13.1 伊卡洛斯計畫中科學家設計了核聚變太空船，由於體積太過龐大，它必須在地球軌道上進行組裝。圖來來源：http://www.bisbos.com/ space_n_icarus_gallery_concepts.html。

　　伊卡洛斯星際航行計畫目前正針對核聚變飛船進行設計並進行基礎研究，比如革命性的飛船核子動力、核燃料的存儲與取得，以及無人飛船的姿態控制（Attitude Control）、導引（Guidance）、導航系統（Navigation）等等。針對跨恆星航行途中所發生的故障，飛船上需配備有自主式機器人與機器手臂，進行全自動化的檢修。這些相關的自動化、智慧化設計和製造技術，如今都已是地球人類的成熟科技。看來星際航行計畫，隨著世界科技文明的進展，已逐漸水到渠成。剩下來的問題就

是如何整合現有的人類科技，進行太空船的建造與組裝。星際航艦為了執行長程飛行任務，所要攜帶的燃料與各種自動化設備，將使得機身相當龐大，如果直接由地表起飛，單為了克服地球重力場，便要耗費其大半的燃料，非常不利於後續的星際飛行。解決的方法是在地球軌道上，建立一條組裝線，直接在太空中建造航艦。圖 13.1 顯示太空船的組裝可以在一個環形結構中完成，它就像是國際太空站一樣。

　　相對於伊卡洛斯計畫中的無人飛船，美國的百年星艦計畫則是要打造一艘核聚變飛船，在未來一百年內把人類送往另一顆恆星世界。目前這兩個星際航行計畫已經聯合運作，加速目標的實現。百年星艦計畫是由美國航太總署 NASA 於 2010 年提出，旨在未來一百年內，探尋到一個商業模式，開發出成熟的長距離載人宇宙方案。該計畫預計花費 100 億美元，NASA 向眾多富豪發出邀請，希望他們投資這一項目。歷經兩年，這個項目才獲得足夠的啟動資金。2012 年 9 月 13 日，相關人員在休士頓舉行研討會，並由美國前總統柯林頓宣布啟動此一龐大專案。

　　百年星艦計畫的合作單位，英國伊卡洛斯星際組織負責人亞當‧克魯爾說，他們的第一個目標是火星，或是火星的兩個衛星。計

畫的兩大挑戰是新的核聚變推進系統與定居火星的生命維持系統。「我們將致力於打造持續百年太空飛行的星際飛船，以及可行的星際航行技術，最終將使得全人類受益。」

　　美國國防部高級研究計畫局（DARPA）也加入了研製核聚變太空船的計畫，並提供了 50 萬美元做為該計畫的啟動研究。第一位黑人女太空人梅・傑米森（Mae Jemison）被選任為百年星艦計畫的機長，她在 1992 年執行過太空任務。梅・傑米森將領導該

圖 13.2 據英國《每日郵報》2012 年 9 月 9 日報導，美國航太總署（NASA）和美國國防部高級研究計畫局（DARPA）正在開展一項名為「百年星艦」的宇宙探索計畫，希望在百年內能夠讓人類離開太陽系，抵達其他遙遠的星球。（圖片來源： http://club-star-trek-35.superforum.fr ）。

專案，研究太陽系外的探索，她認為百年星艦計畫將使得人類有能力飛出太陽系，並在未來100年抵達另一顆恆星系統進行探索。

核聚變飛船的研發不僅是星際航行成敗的關鍵，也關係到地球永續能源的建立。今天全球經濟的快速發展導致地球化石燃料完全枯竭的時刻，將比預期的時間點，提早許多到來；而大量燃燒化石燃料的後果：地球暖化及極端氣候的形成，也必須得全體人類共同去面對與承擔。在另一方面，核能（由裂解鈾235所產生的能量）發電雖然不會排放溫室氣體，但它的安全性與核廢料的處理，卻日益受到大眾的質疑。再生能源如風力與太陽能，雖是乾淨的替代能源，但它們的能源替代率卻又很低，無法全面取代火力發電與核能發電。當我們面對三個抉擇：化石能源、核分裂能源、再生能源，不知該何去何從時，其實還存在著第四個更好的選擇：核聚變能源，亦即所謂的人造太陽。

根據科學家的估算，如果把自然界的氘和氚全部用於聚變反應，釋放出來的能量足夠人類使用100億年。與目前核電廠內的核裂變相比，氘和氚的聚變能是一種安全、不產生放射性物質、不產生溫室氣體、原料成本低廉的能源，可說是兼顧了前面三種能源的優點。

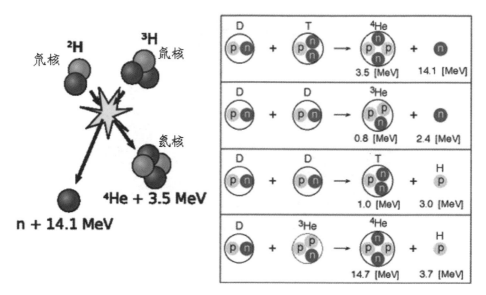

圖 13.3 四種核聚變反應方程式，其中 D 代表氘（$_1^2$H），T 代表氚（$_1^3$H），n 代表中子，p 代表質子。左邊的小球示意圖表達出第一個核聚變反應式的反應物與產物的關係。圖片來源：http://www.geekonomics10000.com/127。

　　圖 13.3 列出了四類核聚變反應方程式，它們的產物都不具有放射性，但第一類反應中的原料氚，則是放射性物質。第一類反應是氘和氚的核融合，就是目前研發中的人造太陽實驗所根據的方程式。第四個反應式則是核聚變太空船內所將進行的核融合反應，如前所言，這是因為月球與木星上蘊藏有大量的氦 -3（^{3}He），太空船在航行途中可順便加以採擷，如此可以減輕出發時的燃料載重。

圖 13.4 估計月球地殼的淺層內，含有超過百萬公噸的氦 3。它所能產生的核能足夠地球人類使用一萬年。圖片來源：http://www.desktopwallpaperhd.com /wallpapers/25/11273.jpg。

從核能使用安全的觀點來看，第四類的氘 - 氦 3 核聚變會比第一類的氘 - 氘核聚更安全，因為氘 - 氦 3 核聚變的原料以及產物都不具有放射性。氦 3 是一種世界公認的高效、清潔、安全的核聚變發電燃料。但缺點是氦 3 在地球上的蘊藏量很少，目前已知可開採的氦 3 礦藏量全球僅有約 500 公斤。

月球是解決地球能源危機的理想之地，根據先前人類登月所取得之土壤樣本（參見圖 13.4），初步估計月球地殼的淺層內，竟含有超過百萬公噸的氦 3 燃料。100 公噸氦 3 所釋出的能源足供全

世界一年的能源總消耗量，因此月球上所儲藏的氦 3 核燃料，足夠地球人類使用一萬年。中國即將於 2013 年進行的嫦娥登月計畫 [3]，其中的一個目的就是要對月球氦 3 的含量和分布，進行一次詳細的實地勘察，為人類未來利用月球核能奠定堅實的基礎。

　　除了原料的取得問題外，聚變核所面臨最大的挑戰在於如何讓不同的原子核融合在一起。原子核需要靠近到一定的程度，才能克服自然的互斥效果（原子核都帶正電），讓它們融合在一起，釋放能量。在太陽中可以靠重力達成這個目的，但在地球上顯然是無法產生像太陽那樣的重力效果，因此只能用增加原子核動能（即溫度）的方式，讓它們撞在一起，目前主流的方法有兩種：

・ 磁場約束法

　　利用強磁場約束原子核的運動，形成一個特殊的磁容器（參見圖 12.3），再將裡面的聚變材料加熱至數億攝氏度高溫（電漿態），實現核聚變反應。20 世紀下半葉，聚變能的研究取得了

---

3. 中國探月工程最關鍵的一步，嫦娥三號發射任務定於 2013 年下半年進行，中國將實現對地外天體的首次軟著陸探測。嫦娥三號將是阿波羅計畫結束後，重返月球的第一個軟著陸探測器。嫦娥計畫總設計師葉培建介紹，嫦娥三號探測器將進行月球軟著陸、月面巡視勘察、月面生存、深空探測通信與遙控操作、運載火箭直接進入地月轉移軌道等等之測試工作。

圖 13.5 國家點火設施（National Ignition Facility）就是一個超大的點火器，只是它點燃的不是普通的火炬，而是一個小小的太陽。使用百萬焦耳的鐳射，以非常精確的時間和方向，在一個點上產生非常大的能量，從而點燃這個點上的聚變材料，進而引發鏈式反應，在鐳射能量消失後，聚變材料繼續燃燒，自己維持聚變的條件，同時向外釋放能量。圖片來源：http://zsdong.wordpress. com/2009/06/01/ 國家點火裝置 /。

重大的進展，托卡馬克[4]類型的磁約束實驗證實電漿溫度達到 4.4 億度時，核聚變開始運作，就像一顆人造太陽一般，輸出之脈衝功率則超過 16 兆瓦。但這一結果是在數秒時間內以脈衝形式產生的，與實際反應堆的連續運轉仍有很大的距離。最近受控核聚變研究的重大突破，就是將超導技術成功地應用於托卡馬

---

4. 托卡馬克（Tokamak）是一種利用磁約束來實現受控核聚變的環性容器。它的名字 Tokamak 來源於環形（toroidal）、真空室（kamera）、磁（magnit）、線圈（kotushka）。最初是由位於莫斯科的庫爾恰托夫研究所的阿齊莫維齊等人在 20 世紀 50 年代發明的。

克磁場的線圈上，終於實現了可連續運轉的核聚變反應。目前全世界僅有俄、日、法、中四國擁有超導托卡馬克。

· 慣性約束法

　　此法是利用高能雷射點燃燃料球，經由燃球爆炸時瞬間產生的震波，造成燃料球內核融合的發生。國家點火設施[5] 正是採用這樣的技術（參見圖 13.5），經過多年的逐步調整，終於在 2012 年 7 月 5 日的試驗中，點火成功，達成了 192 條雷射從四面八方同步發射到燃料球上，啟動了核融合反應，核能輸出的瞬間功率達到 500 兆瓦的目標。這個瞬間功率的產出是美國全國任一時候用電的 1000 倍以上，而雷射輸出的總能量 1.85MJ（百萬焦耳）也是其他鐳射系統的百倍以上。我們可以說，雷射核聚變在實驗室裡創造了以前只有在行星內部深處才存在的情況。現在人類不再只是被動地接收來自外太空的太陽光來發電，而是直接在地球上建造人類專屬的太陽來發電。若將這人造太陽配置在太空船上，則數十光年，甚至數百光年的星際航行都終將被實現。

---

5. 國家點火設施（National Ignition Facility，簡稱：NIF），又稱國家點燃實驗設施，是美國的一座雷射型核融合裝置（ICF）。這個設施由勞倫斯利福莫耳國家實驗室建造，位於加州利福莫耳市。NIF 意圖使用雷射達成極大高溫高壓施加於一小粒氫燃料球上

逼近光速
反物質火箭

当正物質與反物質相互接觸時，會發生湮滅並以伽馬射線的形式釋放出大量的能量。以反物質為燃料的星際航艦乃是科幻小說家最津津樂道的題材之一。在著名的《星際迷航》[1] 系列電影中，「企業號」太空船可實現曲速飛行、以超光速抵達宇宙中任何一個地方，都必須仰仗於它的反物質動力系統。

前一單元提到，以核聚變為能源的核子動力太空船，可以使星際旅行到最近恆星（比鄰星，4.2 光年）的時間從萬年縮短為百年；而以反物質為動力的火箭，其速度可達到光速的 70%，那麼從地球抵達比鄰星的時間更可縮短為 6 年。如果反物質火箭的速度能非常接近光速，那麼太空船在瞬間從一星球到達另

1.《星艦迷航記》（Star Trek）是一部美國科幻娛樂影集系列。最初的《星際爭霸戰》是由尤金・羅登貝瑞製作的美國電視影集，1966 年首次播出並製作了三季。故事是描述詹姆士・T・寇克上校與聯邦星艦企業號 （NCC-1701）艦員們的星際冒險故事，其後衍生推出動畫影集及六部電影。之後又製作了相同虛擬宇宙但描述不同角色的四部電視影集。

企業號以反物質為動力

圖 14.1 企業號太空船可實現曲速飛行、超光速抵達宇宙中任何一個地方，都仰仗於它的反物質動力系統（圖片來源： http://club-star-trek-35.superforum.fr）。

一星球，將不再只是科幻電影中的情節。

　　正常情況下，1 公斤反物質和正物質湮滅後，所釋放的能量是燃燒 1 公斤碳氫化合物的 20 億倍，或者是 1 公斤核分裂反應堆燃料釋放能量的 1000 多倍。其實不管是核融合、核分裂、還是正、反物質的湮滅，他們的能量釋放公式都是根據愛因斯坦的質能公式 $E=mc^2$，其中的 m 是反應前後的質量差。在正、反物質的湮滅反應中，因為反應後的總質量為零，所以反應前後的質量差最大，所釋放的能量 E 也最大。

　　反粒子的觀念最早出現在狄拉克的相對論量子力學中。

圖 14.2 保羅 ・ 狄拉克（Paul Dirac，1902 ～ 1984），英國理論物理學家，量子力學的創始者之一，因推導出電子的相對論方程式而獲得 1933 年諾貝爾獎。該方程式同時預言了電子的反粒子 - 正電子的存在。圖片來源：htt://www.xtimeline. com/evt/view.aspx?id=334657。

1927 年 12 月，英國物理學家保羅 ・ 狄拉克提出了電子的相對論方程式。令人意外的是，此方程式除了一般正能量的解之外，同時還存在著負能量的解。狄拉克提出的解釋是真空狀態中，充滿了負能量電子的「海」。狄拉克進一步發現電子海其實是由帶正電荷的「洞」所組成。起初他認為這正電核是質子，但 Hermann Weyl 指出這些洞應該是帶有和電子相同的質量，但電荷相反的粒子。1932 年美國物理學家卡爾 ・ 安德森在實驗中，證實了正電子的存在，亦即電子的反粒子。

　　雖然狄拉克自己沒有使用反物質這個術語，但是後來的科學家將反電子、反質子等粒子稱呼為反物質。如果將反質子、反中子和反電子，像質子、中子、電子那樣結合起來，就形成了反原子。完整的反原子元素週期表由查爾斯・珍妮特（Charles Janet）於 1929 年完成。

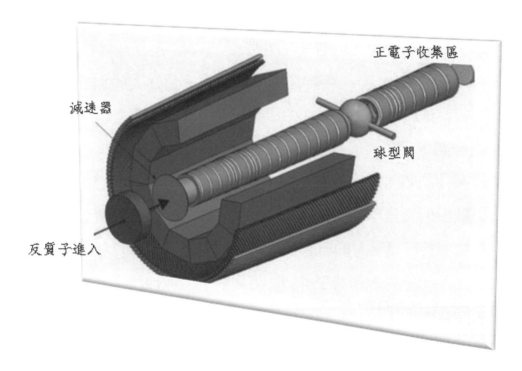

圖 14.3 反質子從左端進入，反電子（正電子）從右端進入，在球型閥中結合，形成反氫元素。物質的氫元素是由一個質子，一個電子所組成；反物質的氫元素則是由一個反質子，一個反電子所組成。圖片來源 http://www.sina.com.cn。

　　目前人為製造反物質的方式，是由加速粒子打擊固定靶產生反粒子，再減速合成的。此過程所需要的能量遠大於湮滅作用所放出的能量，且生成反物質的速率極低，因此反物質尚不具有經濟價值。以目前大型強子對撞機[2]的運作，要 1 千年的時間才能製造出 1 微克反物質。此外，因為反物質與物質相遇會發生湮滅，任何由正物質所組成的容器都無法用來裝盛反物質，所以反物質在保存上也是一大問題。

　　不過我們也看到了樂觀的一面，在人類建造的加速器裡，反物質合成的速度正在加速的成長。粒子物理學家估計，到了本世紀中期，反氫元素的產量可能會以指數的形式增長。同時反物質保存的時間也快速地拉長。在 2011 年，歐核中心的物理學家將捕獲的反氫原子保持了 1000 秒之久。這個時間看似不長，但對於主持反氫鐳射的科學家來說，卻已是 4 個數量級的成長。他們之前的紀錄是捕獲了 38 個反氫原子，並保持了 0.172 秒；而更早期的紀錄是只有百萬分之一秒。2011 年的實驗成功將

2. 大型強子對撞機（Large Hadron Collider，簡稱 LHC）是一座位於瑞士‧日內瓦近郊，歐洲核子研究組織 CERN 的對撞型粒子加速器，作為國際高能物理學研究之用。LHC 已經建造完成，2008 年 9 月 10 日開始試運轉，並且成功地維持了兩質子束在軌道中運行，成為世界上最大的粒子加速器設施。LHC 是一個國際合作計劃，由來自全球 85 國的八千多位物理學家合作興建。經費一部份來自 CERN 會員國提供的年度預算，以及參與實驗的研究機構所提撥的資金。（中文維基百科）

309 個反氫原子保持到 1000 秒，這一技術為更深入觀測反物質爭取到寶貴的時間。

　　在實驗室裡，科學家對反物質相對比較瞭解，可惜在目前的宇宙自然環境中卻沒有很多反物質。一種在科學界受到普遍認同的理論認為，宇宙大爆炸早期曾產生了數量相當的物質和反物質，隨後發生的物質和反物質的湮滅，消耗掉了絕大部分的正、反物質，僅遺留下一小部分的正物質。正是如此幸運的「一小部分」，才導致此後的宇宙在演化中逐漸形成了現在我們所看到的恆星、行星，也包括我們自己，以及整個的物質世界。

　　理論上宇宙大爆炸時所產生的粒子與反粒子應該數量相同，但是為什麼現今所遺留下來的絕大多數都是正粒子？此即所謂的「正、反物質對稱性破壞」（對稱破缺）現象。雖然在幾個粒子對撞試驗中，都發現了正粒子與反粒子的衰變略有不同，及所謂的電荷宇稱不守恆（CP 破壞），但在數量上仍不足以解釋為何現今反物質消失的問題，這在粒子物理學上仍是一大未解決的問題。

　　儘管在人們已經在實驗室中製造出了為數眾多的反原子，然而在自然界中卻遲遲沒有發現反物質。一般的看法是認為即使

圖 14.4 阿爾法磁譜儀（Alpha Magnetic Spectrometer，簡稱 AMS）是一個安裝於國際太空站上的粒子物理試驗設備，由諾貝爾物理學獎得主丁肇中提議開始，並主持的國際合作計畫。該計畫動員了六百多人，來自 31 所大學院校，15 個國家。目的在於探測宇宙中的暗物質及反物質。阿爾法磁譜儀將依靠一個巨大的超導磁鐵及六個超高精確度的探測器來完成它搜索的使命。（圖文：中文維基百科）

自然界中存在反物質，它也很快會和正物質發生湮滅。但這一看法最近有了改變，國際合作研製的PAMELA[3]探測衛星在地球磁場中發現了反質子的存在。2011 年 12 月，NASA 的費米伽馬射線天文望遠鏡以最新資料證實了宇宙存在著過量的反物質，而這一結果是在2008 年 PAMELA 衛星捕捉的反物質信號的基礎上完成的。

3.PAMELA (Payload for Antimatter Matter Exploration and Light nuclei Astrophysics) 是一個在地球軌道衛星上架設的宇宙射線探測器模組。此探測器於 2006 年 6 月 15 日發射，是第一個運用衛星作載體的觀測宇宙射線的實驗。該實驗主要觀察的對象為宇宙射線中的反物質成分，比如正電子和反質子。同時也期望能夠觀測到暗物質在宇宙中湮滅的實質證據。

　　為了尋找更加無可置疑的反物質證據，一個由丁肇中領導、耗資 22 億美元研製的阿爾法磁譜儀 AMS-02（參見圖 14.4）已於 2011 年 5 月 16 日，經由奮進號太空梭運送到了國際空間站。這台被稱為「科學之未來」的強大儀器，擁有巨型磁鐵可用於解析宇宙射線，兼而探測正電子的過量和驟降，同時標示出地球軌道上的反粒子。AMS-02 擁有比費米望遠鏡更高的能量探測範疇，而最近的觀測數據顯示木星的磁場中，應該存在著比地球更多的反質子。

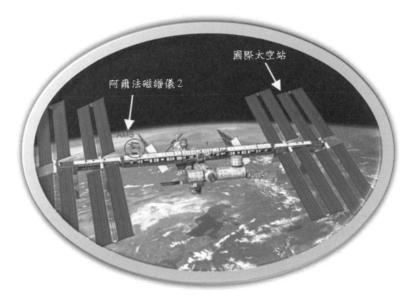

圖 14.5 阿爾法磁譜儀 2 在國際太空站中的安裝位置。圖片來源： http://www. epochtimes. com/b5/11/4/28/n3241478.htm。

阿爾法磁譜儀 AMS-02 升空計畫曾一波三折，先後因美國遭受 911 恐怖攻擊、太空梭哥倫比亞號[4]失事和美國投入戰爭等因素，刪減太空研究預算，造成太空梭任務暫停而數度延宕。當時許多參與計畫的科學家都非常失望，但丁肇中仍積極投入。最後有驚無險地，太空磁譜儀搭上了美國太空梭計畫的最後一班列車，跟隨太空梭「奮進號[5]」的最後一次任務到達國際太空站。

阿爾法磁譜儀為一尖端粒子物理學實驗，主要的科學目的在於偵蒐宇宙中的射線粒子，尋找反物質（antimatter）及暗物質（dark matter）。目前的物質宇宙是正、反物質互相湮滅後，由剩下的正物質所演化而來。因此要揭開宇宙的形成之謎，了解反物質存在量的多寡就非常重要。當太空中的高能帶電粒子進入太空磁譜儀後，因為帶電的關係受到磁譜儀內部磁場的影響，

---

4. 哥倫比亞號太空梭（STS Columbia OV-102）是美國航太總署（NASA）所屬的太空梭之一，也是第一架正式服役的太空梭，它在 1981 年 4 月 12 日首次執行代號 STS-1 的任務，正式開啟了 NASA 的太空運輸系統計劃（Space Transportation System program，STS）之序幕。然而很不幸的，哥倫比亞號在 2003 年 2 月 1 日的第 28 次任務重返大氣層的階段中，與控制中心失去聯繫，並且在不久後被發現在德克薩斯州上空爆炸解體，機上 7 名太空人全數罹難。

5. 奮進號太空梭（STS Endeavour OV-105）是美國國家航太總署（NASA）甘迺迪太空中心（KSC）旗下第五架實際執行太空飛行任務的太空梭，也是最新的一架。首次飛行是 1992 年 5 月 7 日的 STS-49 號任務。奮進號負責的任務中有不小比例是用來支援國際太空站計畫。2011 年 5 月 16 日，奮進號從佛羅里達州的甘迺迪太空中心發射升空，前往國際太空站。這是它最後一次任務，在此次任務結束後，奮進號除役。除役後的奮進號現放於洛杉磯的加州科學中心永久展示。

2011 年 5 月 16 日最後一班太空梭升空

圖 14.6 太空磁譜儀 2（AMS-02）於 2011 年 5 月 16 日，搭乘奮進號太空梭升空，這是全部太空梭計畫的最後一趟任務。圖片來源：http://msnbcmedia.msn.com /j/MSNBC/Components/Photo/_new/pb-110516-endeavour-6a.photoblog900.jpg。

產生軌跡的偏轉。帶正電的粒子軌跡向右偏轉，帶負電的粒子軌跡向左偏轉，因此由粒子偏轉的方向即可以判斷所捕捉到的粒子是正物質還是反物質。

　　阿爾法磁譜儀 AMS-02 的原型機 AMS-01 先期在 1998 年登上「發現號」太空梭，隨著太空梭環繞地球軌道（離地 380 公里）。AMS-01 首次發現赤道區的正電子數量是電子的四倍，揭露了大氣層外的反物質其實比我們想像的還多。2003 年由於「哥倫比亞號」太空梭的失事，導致整體阿爾法磁譜儀計畫的延遲。2008 年美國政府簽署法案，同意在 2010 年以太空梭將磁譜儀搭載升空，並裝置於太空站上運作。而實際的搭載直到 2011 年才成行，且剛好趕上全部太空梭計畫的最後一趟任務（參見圖 14.6）。

　　目前磁譜儀 AMS-02 已在太空站上正常運作，它的重量 7 公噸，直徑約 3 公尺，內部有 650 個微處理器，30 萬個數據採集通道。磁譜儀採用低溫超導磁體，可以建立更強的磁場，以捕捉更高速的反粒子。AMS-02 的磁場強度是 AMS-01 的 16 倍，具有遠較 AMS-01 靈敏的偵測能力，被稱為「測量帶電粒子的哈伯望遠鏡」[6]。

　　丁肇中主持的 AMS-02 計畫，全球有 16 個國家，六百多名科學家參與，而台灣團隊是核心計畫成員之一，尤其是中山科學研究院負責的電子系統獲得高度的肯定。除了中山科學研究院外，中央研究院和中央大學負責電子系統的監造與物理特性

6.《太空磁譜儀》，孫維新，台灣大百科全書，2009 年 9 月 24 日。

分析,成功大學負責超導磁場量測,國家太空中心則負責儀器電子元件熱分析測試,及支援儀器熱控系統設計工作。

中山科學研究院於 2001 年正式接手 AMS 計畫,當時計畫已進入第 2 期。計畫第 1 期的電子系統原本由某歐洲國家負責研發,但進度一直落後,丁肇中回台找上中科院試做。結果中科院在 1998 年與歐洲原承做國同時完成了電子系統。

一般認為,歐洲電子技術較先進,中科院的成品一開始即被視為備胎。但沒有料到歐洲國家所研發的電子系統竟然未通過組合測試,中科院的系統卻一試成功。從此中科院所承做的 AMS

圖 14.7 太空磁譜儀(AMS)亞洲監控中心啟用典禮於 2012 年 7 月 3 日上午在中科院龍園營區舉行(圖片來源:2012 年 7 月 4 日自由時報)。

電子系統受到國際的矚目。中科院該計畫主持人荊溪暠回憶說：「從此在跨國會議中，台灣的發言變得很有份量。」中科院的AMS 電子系統被丁肇中形容為「AMS 的頭腦」，它是計畫的核心部分，組成包括了控制電路、電源、地面傳輸、資料處理等，負責工作是將偵測器收集到的資料，轉成電子信號、過濾雜訊，最後再傳回地面。只要中間一環出了問題，所有收集到的資料等於白費，可見其重要性。

太空磁譜儀 AMS-02 於 2011 年 5 月在太空站開始運作後，已收到一百八十億筆宇宙訊號。為求監控更周全，減輕日內瓦中心的負擔，丁肇中認為也需要在亞洲設置監控中心。雖有多個國家積極爭取，但台灣憑藉在 AMS 計畫中的卓越表現，獲得青睞，最後決定將 AMS-02 的第兩個監控中心設在中山科學研究院的龍園研究園區，並於 2012 年 7 月 3 日啟用（參見圖 14.7）。

太極有陰陽、數有虛實、粒子有正反[7]，透過對於反粒子、反物質的搜尋，有助於我們還原宇宙的初始面貌，回到物質宇宙形成前的太虛狀態。

---

7. 此句為作者於 2008 年 8 月 14 日在中科院 AMS 研究中心的演講主題，參見部落格 www.worldinsand.blogspot.com。

時空旅行指南
狹義相對論

　　如果利用光學望遠鏡或電波望遠鏡發現某顆距離太陽 100 萬光年的恆星上有生命存在的跡象，那麼縱使利用可見宇宙中最快的光子火箭去造訪那顆恆星上的外星人，或那邊的外星人要拜訪地球，雙方都需要花 100 萬年的時間才能到達對方的星球。100 萬年已遠遠超過個體生命存在的極限，悲觀的讀者是不是會在這裡下一個結論說：既然速度的極限是光速，那麼縱使人類文明發展到能製造達光速的反物質火箭，對於造訪遙遠的恆星或期待遙遠恆星上的外星人（幽浮）降落到地球上的這些事情，不是仍然是不切實際的夢嗎？

　　以上的觀點稱為絕對時空觀，是牛頓力學的看法，認為時間與空間各自獨立，井水不犯河水。天上二顆星星的距離如果是 d，火箭的速度是 v，則所需要的旅行時間是 $t=d/v$。距離 d 越長，時間 t 越久。但是當火箭的速度 v 接近光速時，牛頓運動的

特殊相對論

兩個假設構成了特殊相對論，第一個為相對論原理(*principle of relativity*)：

① 物理定律在所有慣性座標系中都相同。

第二個假設是基於許多實驗的結果而來：

② 光在自由空間中的速度對於所有慣性座標系而言皆相同。

三個不同運動狀態的觀察者(A)、(B)、(C)所測量到的光速值都等於$c = 3 \times 10^8 m/s$

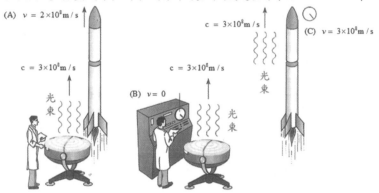

圖 15.1 《特殊相對論》的基本假設：光速不變性。不管觀察者的運動狀況，他所看到的光速都是 3×10^8 公尺 / 秒。（A）是從速度為 2×10^8 公尺 / 秒的火箭上來看光速；（B）是從靜止的實驗室看光速；（C）是從以光速飛行的火箭上來看光速。三者所看到的光速都是 3×10^8 公尺 / 秒。圖片來源：《Concepts of Modern Physics》，A. Beiser，圖 1.1，2005 年。

關係式 t=d/v 就不能適用了。這時候我們就不能單獨看待時間與空間，因為它們可以互相轉換，混成一體，稱為四維時空（4D spacetime）。《狹義相對論》即是在探討在四維時空之內，時間與空間如何互相轉換。經過時空轉換之後，距離 100 萬光年的恆星，用光速旅行還需要 100 萬年嗎？當然不需要了。所以在進行星際

飛行之前，我們得先翻閱一下時空旅行指南──《狹義相對論》。

《狹義相對論》的理論基礎都是源自於二大基本假設：

（1）物理定律在所有等速運動的系統中都一樣。

（2）不管由誰來看，也不管光源是否在移動，光速永遠不變。

　　假設（1）比較容易瞭解，因為等速運動都是相對的，無法絕對地決定何者靜止、何者在動，因此所看到的物理現象應是相同的。譬如火車離開月臺時，月臺上的人感覺火車在前進，然則火車上的人感覺是月臺在後退。在理想的情況下（假設火車非常平穩，沒有任何加速與振動），火車上的觀察者會認為他是在完全靜止的狀態。既然對他而言，火車完全靜止，那麼他在火車上所做的物理實驗結果應和地面上靜止實驗室所做的實驗結果完全一樣。這就是《狹義相對論》的第一個公設：物理定律在所有等速運動的系統中都一樣。對於有加速度的系統而言，《狹義相對論》即不適用了，此時《廣義相對論》就派上用場了。

　　《狹義相對論》的第兩個假設：光速不變性，可能較不易從常理來思考，也可以說其根本違反了三度空間的常理。假設有一飛行器沿著光進行的方向，以 $v=2\times10^8 m/sec$（即 2/3 倍光速）的

速度飛行，此時坐在航行器內的人感覺到「光」超越他的速度應該只有 1/3 倍光速。其道理如同在時速 200 公里的汽車上看時速 300 公里的高速火車運動（假設二者同方向運動），此時火車的時速應該只有 100 公里而已。

然而《狹義相對論》認為傳統的汽車與火車的相對速度觀念，並不適用於光速。相對論的第兩個假設是說，不管觀察者的速度多快，他所量到的光速永遠是 3×10^8 m/sec，不會因為觀察者的速度較快，「光」的速度看起來就較慢。雖然這個假設不合乎直覺，但以此假設為出發點的《狹義相對論》卻能成功地驗證星體及快速粒子的運動行為。「光速不變性」是愛因斯坦根據邁克耳遜 - 莫雷實驗，所獲致的結論，並不是出於愛因斯坦自己的想法，愛因斯坦本人也未進一步解釋光速為何是不變的。

19 世紀的科學家認為光是由無質量、絕對靜止的「乙太」這種媒介所傳播。由於地球在運動，所以在地面上做實驗，向不同方向發出的光線，相對於乙太的傳播速度應不同。邁克耳遜和莫雷在 1887 年用精確度很高的干涉儀多次測定，得到不同方向的光的速度卻都相同，從而確立了「光速不變性原理」，同時否定了「乙太」的存在性。

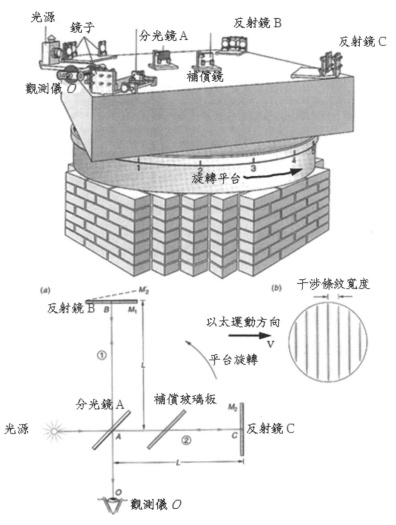

圖 15.2 邁克耳遜 - 莫雷實驗架構,整個實驗放在一圓形旋轉平台之上。假設以太存在且向右運動,則光在垂直以太方向(AB)及平行以太方向(AC)的速度會不同,使得它們到達會合點 O 時,會出現光程差,並且在觀察儀上產生破壞性干涉。但實驗結果卻發現沒有絲毫破壞性干涉產生,證實光速在每一方向均相同。圖片來源:《Modern Physics》,P. A. Tipler,圖 1.8,2002 年。

　　圖 15.2 呈現邁克耳遜 - 莫雷實驗架構，整個實驗放在一圓形旋轉平台之上。由光源發出的一對光束，其中一道光束沿著一條垂直於以太流（ether current）的路徑而被導至鏡面 B，另一道光束則沿著平行於以太流的路徑，而導至另一個鏡面 C。兩道光束最後會合於觀察儀 O 上，而補償玻璃板確保兩道光束通過相同厚度的空氣和玻璃。如果兩道光束的傳輸時間相同，它們將會同相地到達觀察儀 O，並且產生建設性干涉；然而，由於二道光相對於以太有不同的運動，而以太又是光傳播的媒介，這將導致二道光的速度不同，使得它們到達會合點 O 時，會出現光程差，並且在視幕上產生破壞性干涉。

　　如果將光比喻做船，那麼光的傳播媒介以太就是河流；光乘「以太」而行，就如同舟行之於水上。在圖 15.2 中的二道光，相對於以太有不同的運動方向，就相當於是兩種船的路徑，相對於河流有不同的運動方向。如圖 15.3 所示，船的路徑 1 是垂直於河流的方向，相當於沿著 AB 方向的光路徑；船的路徑 2 是平行於河流的方向，相當於沿著 AC 方向的光路徑。首先討論船沿著路徑 1 的運動，假設船的速度 c（即光速），河流的速度為 v（即以太的速度），則船過河的速度分量為 $\sqrt{c^2-v^2}$。因此沿著

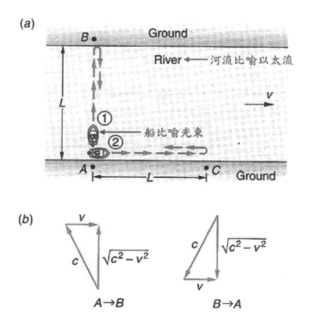

圖 15.3 將光比喻做船，那麼光的傳播媒介以太就是河流；光乘「以太」而行，就如同舟行之於水上。船的路徑 1 是垂直於河流的方向，相當於沿著 AB 方向的光路徑；船的路徑 2 是平行於河流的方向，相當於沿著 AC 方向的光路徑。利用相對速度原理，計算船沿著路徑 1 及路徑 2 所需要的時間。圖片來源：《Modern Physics》，P. A. Tipler，圖 1.7，2002 年。

路徑 1 來回一趟所需要的時間為（假設河寬為 L）

$$t_1 = t_{A \to B} + t_{B \to A} = \frac{L}{\sqrt{c^2 - v^2}} + \frac{L}{\sqrt{c^2 - v^2}} = \frac{2L}{\sqrt{c^2 - v^2}}$$

其次討論船沿著路徑 2 的運動，船由 A 到 C 是順流，船速為 $c+v$；由 C 到 A 是逆流，船速為 $c-v$。因此沿著路徑 2 來回一趟所需要的時間為

$$t_2 = t_{A \to C} + t_{C \to A} = \frac{L}{c+v} + \frac{L}{c-v} = \frac{2cL}{c^2 - v^2}$$

比較兩個路徑所需要的時間，發現二者不同；也就是說，從 A 出發的二道光，不會同時回到 A 點，二者的時間差為

$$\Delta t = t_2 - t_1 = \frac{2cL}{c^2 - v^2} - \frac{2L}{\sqrt{c^2 - v^2}} \neq 0$$

圖 15.4「石頭」比擬「光」，路面上的行人與駕駛比擬三度空間的人們。路面上不同速度的觀察者所測量到的石頭下墜速度都一樣，是在比喻三度空間的人們所測量到的光速都一樣。如果將地面視為我們所處的三度空間，則大樓矗立的方向就是光前進的方向，亦即光的方向是沿著第四度的軸線。

代表光沿著圖 15.2 中的 AB 與 AC 兩個方向前進時，存在著不為零的光程差 $c\Delta t$，此光程差將導致二道光的破壞性干涉。但令人驚訝的是，實驗的結果卻沒有絲毫的破壞性干涉產生。亦即沿著 AB 與 AC 方向的二道光完全是同步的（速度相同）。而且不管我們將圖 15.2 的圓形平台轉到哪一個方向，光速還是都相同。邁克耳遜 - 莫雷實驗得到兩個重要的結論：

・ 它顯示出以太並不存在，且並沒有相對於以太而言的絕對運動。

・ 此結果顯示出光速對於所有觀察者而言皆相同。

　　而狹義相對論的假設就是基於邁克耳遜 - 莫雷實驗的結論。

　　邁克耳遜 - 莫雷實驗雖然證實了「光速不變性」，但此實驗無法進一步解釋為何光速不變。一個與經驗矛盾的事實是，為何坐在以光速飛行的火箭上來看一道平行光的運動，為何光仍以 3×10^8 公尺 / 秒的速度在超越火箭（注意火箭已經和光速一樣快）？想一想兩輛同方向的火車，如果時速都是 100 公里 / 小時，則兩車上的乘客不是應該觀察不到彼此的運動才對嗎？

　　下面我們用一個簡單的例子來說明這「光速不變性」的背後道理。考慮一顆石頭由 101 大樓的樓頂自由落下（高 508 公尺），

它落地時的垂直速度約為 $v=\sqrt{2\times9.8\times508}=100m/sec$（即秒速 100 公尺），參見圖 15.4。石頭落地時，剛好有三個觀察者經過，一個是行人甲（秒速 1.4 公尺），一個是自行車騎士乙（秒速 8.4 公尺），另一個是計程車上的司機丙（秒速 16.8 公尺）。此三人在路面上運動的速度不一樣，但他們所感受到的石頭下墜速度是一致的，都是每秒 100 公尺。這是因為這三位觀察者的運動是沿著水平方向，而石頭的下墜是沿著鉛垂方向，兩者互不影響。由於水平運動無法改變垂直方向的速度，所以三個移動速度不一樣的觀察者所感受到的石頭垂直下墜速度都相同。

現在考慮第四個觀察者丁，他是和石頭在頂樓上同一時間自由落下。如果不計算空氣阻力，他將與石頭同時到達地面；而且在落地的過程中，觀察者丁與石頭的速度完全一樣（同步運動），也就是他感覺石頭是靜止的。如果計算空氣阻力的話，丁觀察者將發現石頭不是完全靜止，而是有一個微小的向下速度（大約 0.1m/sec，相對於丁），這使得石頭比丁早一點落地。若石頭在頂樓釋放的瞬間，有一顆子彈同時向下射出，由於子彈的向下速度比石頭快，在子彈上的第五號觀察者戊將發現子彈是往上跑，而不是向下墜（相對於戊）。

　　將上面的例子對應到光速不變性，「石頭」指的就是「光」，甲、乙、丙三個觀察者就是三度空間的人們。這三個觀察者所測量到的石頭速度都一樣，是在比喻三度空間的人們所測量到的光速都一樣。甲、乙、丙三個觀察者的運動方向和石頭的下墜方向垂直，就是在比喻三度空間內一切物體的運動方向都和光的方向垂直。換句話說，如果將地面視為我們所處的三度空間，則大樓矗立的方向就是光前進的方向。光前進的方向和我們所處的三度空間垂直，所以我們稱光的方向是沿著第四度的軸線，這就是《狹義相對論》所定義的時間軸。三度空間加上一度時間，合稱四度時空（4D spacetime）。「光速不變性」擴展了人類的視野，告訴人們這個世界不是由單純的三度空間所組成，它至少還包含有第四個維度。

　　再回到石頭的例子，甲、乙、丙三個觀察者是在地面上運動，他們所量到的石頭下墜速度都一樣；但是對於丁、戊這兩位觀察者，他們的運動方向和石頭平行，他們所看到的石頭速度卻都不一樣，可快可慢，甚至是靜止。如果將石頭比擬光，那麼「光速不變性」對丁、戊這兩位觀察者是不成立的，他們所量到的光速可快可慢，不是固定的值 3×10^8 m/sec。丁、戊這

兩位觀察者跟三度空間的觀察者不一樣，因為他們是沿著光的方向運動，也就是他們有能力進入第四個維度而自由運動。目前人類的科技還不具備這種能力，所以「光速不變性」對我們而言，目前仍然是適用的。

　　時間是第四個維度，但是我們看不到真正的「時間」，我們看到的只是鐘錶的機械轉動或電子跳動，它是用來類比於時間的流逝，也就是我們所看到的是「時間」的相，並不是「時間」的本體。當我們在空間上靜止不動時，時間仍然是一分一秒地在移動，所以時間的「動」不是我們所熟知的那種在三度空間的運動；時間的「動」是整個三度空間沿著第四個維度軸的移動，這種移動才產生了「過去」、「現在」與「未來」的區別。而光速就是整個三度空間沿著第四個維度（第四個垂直軸）的移動速度[1]。所以只要光速維持不變，時間的流逝速度就不會改變。

　　歸納起來，我們在四度時空內的運動包含兩種模式，第一種運動模式就是我們在三度空間上的運動，此部分可用（Δx，Δy，Δz）表示之，其分別代表沿著長、寬、高三個方向的移動距離。第兩種運動模式是整個三度空間沿著第四個垂直軸的移動，此部

---

1. 參考文章《進入空間的隱藏維度—時間》，楊憲東部落格《一沙一世界，剎那即永恆》:www.worldinsand.blogspot.com。

分的移動距離可表示成 $c\Delta t$，其中 c 為移動的速度（即光速），而
Δt 代表時間的流逝量。也就是說時間的流逝不是抽象的心理作用，
它真的會造成運動效果。不過這種運動效果只能在四度時空中看
到，它是整個三度空間沿著第四個垂直軸的移動現象。將以上兩
種運動模式疊加起來就形成了愛因斯坦的《狹義相對論》。

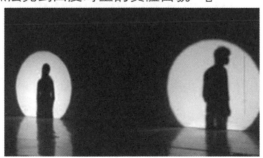

度時空的距離

● 三度空間距離　$\sqrt{\Delta x^2 + \Delta y^2 + \Delta z^2}$

● 一度時間距離　$= c\Delta t = c|t^2 - t^1|$

兩者所量到的，都只是四度時空距離的投影量；猶如瞎子摸
象一般，無法見到四度時空的實體面貌。』

當世人都被時間和空間的相所迷惑時，愛因斯坦卻能見相非
相，而提出描述四度空間距離的公式：$\sqrt{\Delta x^2 + \Delta y^2 + \Delta z^2 - c^2\Delta t^2}$

圖 15.5 「空間長度」與「時間長度」是「時空長度」在三度空間上與時間軸上的投影量，
它們會隨著觀察者觀看角度的不同而變化。。

由於以上兩種運動的同時存在，在四度時空中二點間之時空距離是空間距離 $\sqrt{\Delta x^2+\Delta y^2+\Delta z^2}$ 與時間距離 $c\Delta t$ 的合成。《狹義相對論》證明合成後之時空長度為

時空長度 $=\sqrt{\Delta x^2+\Delta y^2+\Delta z^2-c^2\Delta t^2}$ （15.1）

二點間之時空長度才是真正的本體長度，不管是由哪一個系統的觀察者來看，其值都相同。而個別的「空間長度」與「時間長度」則是「時空長度」在三度空間上與時間軸上的投影量，它們就是所謂的「相」，因為投影量的大小會隨著觀察者觀看角度的不同而變化，如圖 15.5 所示。

我們習以為常的空間大小觀念與時間長短觀念，原來都只是假像，它們不是固定的量；不同的觀察者會得到不同的測量值。所以「空間的大小」與「時間的長短」是相對性的觀念，沒有絕對的標準，因此稱這樣的理論為《相對論》。

飛碟的飛行原理
1. 時間擴張

我們相信外星飛碟已充分掌握了《相對論》時空轉換的原理，能夠快速地穿梭在不同星球之間。所以要深入了解外星飛碟的飛行或是為了人造飛碟未來的星際之旅，我們都必須對《相對論》有一些基本的認識。上一單元中我們介紹了光速不變性，由此一性質我們可推導出四維時空的兩個奇妙現象：時間擴張及長度縮減，前者是關於時間的相對性，後者是關於空間的相對性。

時間擴張是指太空船上所感知的時間經過，與地面上觀察者所感知的時間經過會不一樣。現在假設一個正在移動之太空船上的人發現，在太空船上某個事件經歷的時間為t_0，我們稱t_0為固有時間（proper time），因為觀察者與事件都在太空船上，沒有相對位移。當我們在地面上看到此相同事件時，該事件之開始及結尾卻發生在不同的地方（因太空船在移動），假設地面觀察者所測得的時間經歷為t。則時間t會比固有時間t_0長，此現象稱為時間擴張（time dilation）。

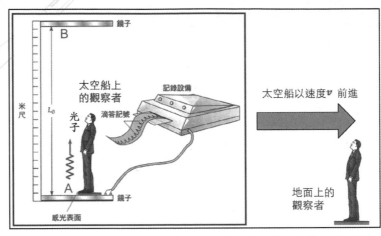

圖 16.1 對於太空船上的觀察者，光子從 A 出發又反射回到 A 點，事件之開始及結尾都在同一地方，因此所量到的時間間隔為固有時間 t_0。對於地面上的觀察者，光子從 A 出發，經上方鏡子反射後，回到下方鏡子時，應是在 A 點的右側，故事件之開始及結尾不在同一地方，因此所量到的時間間隔為 t，不同於固有時間 t_0。圖片來源《Concepts of Modern Physics》，A. Beiser 著，圖 1.3，2003。

　　為瞭解時間擴張是如何發生的，讓我們想像一個樣式特別簡單的時鐘，如圖 16.1 所示，一個光脈衝在距離為 L_0 的兩個鏡子間來回地反射，當光波行進至下方的鏡子時，便產生一個電訊號以便在錄音磁帶中做記號，每個記號則對應著時鐘的每一次滴答聲。對於太空船上的觀察者，每個滴答聲的時間間隔為固有時間 t_0。對於以光速 c 行進的光脈衝而言，在兩個鏡子之間傳播所需要的時間為 L_0/c，因此光脈衝從 A 出發，碰到 B 後，又反射回到 A，這樣一個週期的時間為

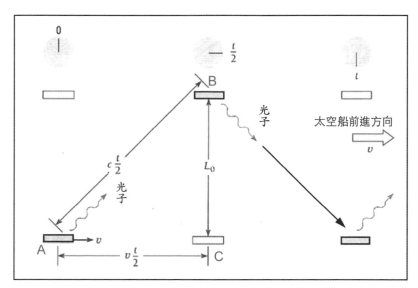

圖 16.2 地面觀察者所看到的光子時鐘及光子的運動路徑。光子是沿著鋸齒狀路徑行進。光子從下面的鏡子行進至上面的鏡子需時 $t/2$，此時光子也行進了一段水平距離 $AC=v(t/2)$，而行進的總長度為 $AB=c(t/2)$。圖片來源《Concepts of Modern Physics》，A. Beiser 著，圖 1.5，2003。

$$t_0 = \frac{2L_0}{c} \tag{16.1}$$

　　圖 16.2 顯示了地面觀察者所看到的光子時鐘及光子的運動路徑。移動中的時鐘，滴答的時間間隔設為 t，因為時鐘在移動，故從地面上所看到的是光子是沿著鋸齒狀路徑行進。光子從下面的鏡子行進至上面的鏡子需時 $t/2$，此時光子也行進了一段水平距離 $v(t/2)$，而行進的總長度為 $AB=c(t/2)$。注意，根據光速不變性，對於太空船上或地面上的觀察者，光速 c 都相同。

167

如果是依據牛頓力學的結果，光子相對於太空船的速度是光速 c 垂直向上，而太空船相對於地面的速度是 v 水平向右，所以光子相對於地面的速度 c 應該是前面二項速度的向量和，即 $\overline{c} = \sqrt{c^2+v^2}$，依此推論，圖 16.2 中的 AB 長度應為 $\overline{c}$ $(t/2)$。但此一推論是錯的，依據光速不變性，光子相對於地面的速度仍是 c，而不是 $\overline{c}$。

假設 L_0 為兩面鏡子的垂直距離，則圖 16.2 中的直角三角形 ΔABC 滿足畢氏定理

$$\overline{AB}^2 = \overline{AC}^2 + \overline{BC}^2$$

代入 $AB = c(t/2)$，$AC = v(t/2)$，$BC = L_0$，則上式變成

$$\left(\frac{ct}{2}\right)^2 = \left(\frac{vt}{2}\right)^2 + L_0^2$$

求解出時間 t，可得

$$t = \frac{2L_0/c}{\sqrt{1-v^2/c^2}} = \frac{t_0}{\sqrt{1-v^2/c^2}} \qquad （16.2）$$

其中固有時間 $t_0 = L_0/c$ 是由（16.1）式得到。上式就是有名的時間擴張公式，其中各參數的意義歸納如下：

• $t_0 =$ 相對於觀察者而言，靜止之時鐘滴答的時間間隔（固有時間）

• $t =$ 相對於觀察者而言，移動之時鐘滴答的時間間隔

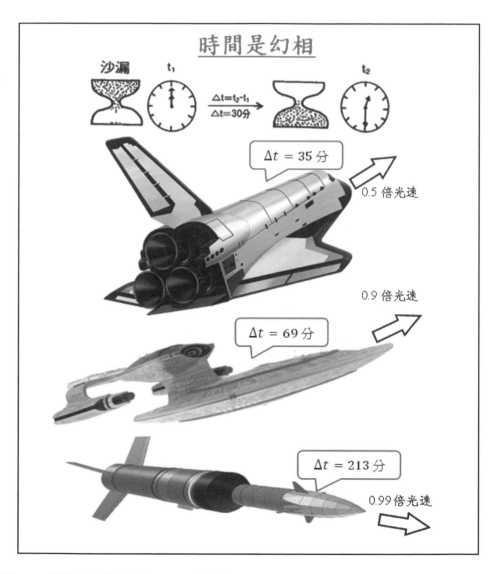

圖 16.3 時間是相對性的觀念,會隨著觀察者運動速度的不同,而得到不同的測量結果。

- $v=$ 相對運動的速度

- $c=$ 光速

也就是說，時鐘相對於觀察者是靜止時，觀察者所量到的時間即為固有時間 t_0；時鐘相對於觀察者有相對運動時，觀察者所量到的時間即為區域時間 t（local time）。因為太空船移動的速度小於光速（$v<c$），$\sqrt{1-v^2/c^2}$ 總是比 1 小，故依據（16.2）式，t 總是比 t_0 大。亦即相對於時鐘是靜止的觀察者，其感受到的時間 t_0 最短；而相對於時鐘移動的觀察者，其感受到的時間 t 較長，而且觀察者移動的速度愈快，所觀察到的時間經歷將愈長，此即所謂的時間膨脹效應。

根據以上所得到的 t_0 與 t 的關係式，我們進一步說明為何時間是相對性的概念。假設桌上有一個沙漏，相對於沙漏是靜止的觀察者，測量到沙子全部漏完所需要的時間是 $t_0=30$ 分鐘（參考圖 16.3）。

- 從一艘太空梭上來觀察沙漏（假設太空梭的速度是 0.5 倍光速），則漏完的時間變成 $t = \dfrac{30}{\sqrt{1-0.5^2}} = 35$ 分鐘。

- 從一架以 0.9 倍光速前進的企業號航艦來看，沙漏的時間則為 $t= \dfrac{30}{\sqrt{1-0.9^2}} = 69$ 分鐘。

- 從 0.99 倍光速前進的反物質火箭來看，沙漏全部漏完的

時間為 $t = \dfrac{30}{\sqrt{1-0.99^2}} = 213$ 分鐘。

相同的沙漏，卻會因觀察者的速度不同，而導致不同的時間量測。一定有讀者會感到納悶，既然如此，為何我們日常生活中不會感覺到這種時間差異性的存在呢？關鍵在於平時我們的速度不管坐車或飛機，其速度均遠小於光速，所產生的時間差很小，我們不易察覺；但如果用高精密的儀器來量測時間，這種時間上的差異性，的確是可被證實的。

1975 年美國海軍即做過實驗證實時間延緩效應的發生。他們在飛機上裝了一系列靈敏度非常高的原子鐘（原子振盪器），在契沙比克灣（Chesapeake Bay）附近進行五次飛行。每一次飛行結束，均比對飛機上的原子鐘和地面上原子鐘的顯示時間差異，結果發現地面上的鐘平均比飛機上的鐘快上三十億分之一秒。這是首次證實時間延緩效應的存在。此一時間延緩量非常小，乃是因飛機本身的速度和光速比起來，幾乎為零。

但對於光子或反物質火箭，其速度可非常接近光速 C，此時時間膨脹效應將非常地顯著。如前所述，如光子火箭達到光速的 0.9999 倍時，則火箭外的觀察者經歷了二十二天，火箭內的時鐘才經歷了一天。俗話說：「天上一日，人間百年。」如果

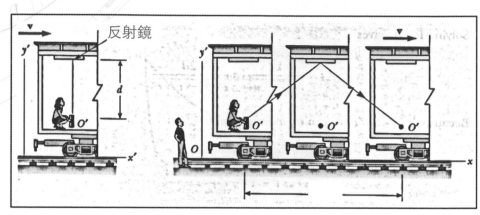
反射鏡

圖 16.4 對同一事件，火車上的人量到的時間長短與地面上的人量到的不同。圖形取材自 R. A. Serway， Modern Physics， Saunders Brace College Publishing， 1997.

天上、人間存在著相對運動的話，則這樣的說法倒也不違背《相對論》的時空效應。

時間與空間都是相對性的觀念，會隨著觀察者運動速度的不同，而得到不同的測量結果。那麼在《相對論》的架構下有絕對不變的東西嗎？有的，光速就是絕對不變的量；另一個絕對不變的量，就是在上一單元中提到的時空距離（參考方程式 15.1）。不管觀察者怎麼運動，他們所量到的時空距離都一樣。先前我們已經利用光速不變量推導出時間膨脹效應，下面我們將看到利用時空距離這一不變量，也可以得到相同的結果。

仍然考慮先前的光子時鐘實驗，只是我們把太空船換成了火

車，如圖 16.4 所示。有一束光從火車地板上的發射器射出，碰到天花板上的反射鏡後，又反射回地板的發射器，此光束發射器可視為是一標準時鐘。

　　這整個過程在火車上的觀察者 O´ 看來，其經歷的時間是 Δt_0 秒，而光束在火車前進方向移動的距離為 Δx_0；同樣的過程在車外地面上的觀察者 O 看來，其經歷的時間是 Δt 秒，而光束在火車前進方向移動的距離為 Δx。因兩人看到的是同一事件，根據《狹義相對論》，兩者所得到的四度時空距離應一樣（其中 $\Delta y = \Delta z = 0$）：（參考 15.1 式）

$$(\Delta x_0)^2 - c^2(\Delta t_0)^2 = (\Delta x)^2 - c^2(\Delta t)^2 \tag{16.3}$$

　　從火車上的觀察者 O´ 來看，光束並未在水平方向移動，故 $\Delta x_0 = 0$；而從車外地面上的觀察者 O 看來，光束在水平方向的移動距離為 $\Delta x = v\Delta t$。將 Δx 及 Δx_0 代入前式，可得到 Δt_0 與 Δt 的關係為

$$\Delta t = \frac{\Delta t_0}{\sqrt{1 - v^2/c^2}} \tag{16.4}$$

其中 Δt_0 是火車上的觀察者 O´ 所測量到的時間，又因為 O´ 相對於光子時鐘是靜止的，所以 Δt_0 就是前面所稱的固有時間。上式和（16.2）式完全一樣，但前者是利用時空距離的不變量，而

後者是利用光速的不變量推導而來。

在第 11 單元中，我們曾提到距離太陽系最近的恆星是半人馬星座的阿爾法星 C（比鄰星），距離我們 4.22 光年。如果光子火箭的速度是 0.999 倍光速，則火箭到比鄰星所需要的時間為 4.22/0.999=4.26 年。但我們須注意這 4.26 年的時間乃地球人對光子火箭所做的觀測值，也就是（16.4）式中的 Δt 的值。對於光子火箭上的太空人而言，他們所感受到的時間變化 Δt_0 將遠小於 4.26 年。將 $v=0.999c$，Δt=4.2 年代入（16.4）式中，可得 Δt_0=0.19 年，也就是太空人所感受到的時間變化約只有 70 天。

因此原先以為以人類百年之身，使用 0.999 倍光速的太空船做星際旅行，頂多也只能經歷 100 光年的空間距離，但若將時間膨脹效應考慮在內時，則人類至少可以經歷二千七百光年的距離；若光子火箭速度更加逼近光速時，則人類可以歷經的星際距離將更長。

飛碟的飛行原理
2. 長度縮減

　　飛碟為什麼能以很短的時間飛越很長的星際距離？這是因為從高速飛行的飛碟上來看，星際間的距離都變短了。

　　前一單元我們介紹了時間的相對性，知道時間的快慢其實和觀察者的運動狀態有關。同樣的道理，空間也是相對性的觀念，不同的觀察者所測量到的空間距離也可能都不一樣。一個有趣的現象是，觀察者的速度越快，其所量到的長度會越短，此即所謂的長度縮減效應，而且它和先前的時間膨脹效應有著密切的關係，它們可視為是一體的兩面；也就是說，對於同一事件，一個觀察者看到的是長度縮減效應，而另一觀察者看到的是時間膨脹效應。

　　假設現在我們要測量甲、乙二顆恆星間之距離（如圖 17.1），對於地面上固定的觀察者而言，設其距離的測量值為 L_0，此稱為固有長度（proper length），因為觀察者與恆星之間是處於相對靜止的狀態。今有一艘太空船以速度 v 從甲星飛往乙星，太空人如何測量

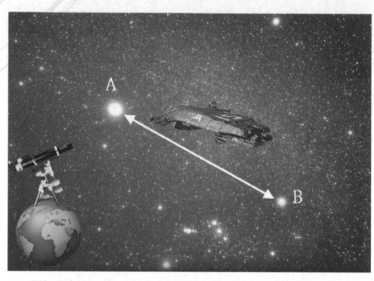

圖 17.1 A、B 二顆恆星之間距離，由地球上的觀察者量到的長度稱為固有長度，也就是原本的長度，而由太空船上的觀察者量到的則是縮減後的長度。

二星間的距離呢？他可以根據其船上的時鐘，先測量太空船從甲星飛往乙星所需要的時間 Δt_0，然後得到甲、乙二顆恆星間之距離為 $L=v\Delta t_0$；另一方面，地面上的觀察者根據其所量到的二星間之距離 L_0，推論太空船從甲星飛到乙星所需要的時間為 $\Delta t=L_0/v$。

綜合起來，前面我們總共得到了兩個時間（t，t_0），兩個距離（L，L_0），它們各自的物理意義整理如下：

• Δt_0：這是太空船上的時鐘所測量到的從甲星飛到乙星所需要的時間，因為這個時鐘相對於太空船為靜止，所以其所量到

的時間稱為固有時間（proper time）。

- Δt： 這是地球上的時鐘所量到的太空船從甲星飛到乙星所需要的時間，因為這個時鐘與太空船之間有相對運動，所以其所量到的時間稱為區域時間（local time）。

- L_0： 這是地球上的尺所量到的甲星與乙星之間的距離，因為這根尺與二顆恆星之間沒有相對運動，所以其所量到的距離長度稱為固有長度（proper length）。L_0 與 Δt 都是地球上的測量值，它們的關係為 $L_0 = v\Delta t$。

- L： 這是太空船上的尺所量到的甲星與乙星之間的距離，因為這根尺與二顆恆星之間有相對運動，所以其所量到的距離長度稱為區域長度（local length）。L 與 Δt_0 都是太空船上的測量值，它們的關係為 $L = v\Delta t_0$。

在前一單元中，我們已經知道 Δt_0 與 Δt 的關係式為

$$\Delta t = \frac{\Delta t_0}{\sqrt{1 - v^2/c^2}} \qquad (17.1)$$

現在將關係式 $L_0 = v\Delta t$ 及 $L = v\Delta t_0$ 代入上式中，可得到 L_0 與 L 的關係為

$$L = L_0\sqrt{1 - v^2/c^2} \qquad (17.2)$$

由於 $1-v^2/c^2 < 1$，所以 $L < L_0$。也就是說，相對於恆星是靜止者（即地球上的觀察者）所量到的距離 L_0 為最長，而運動的觀察者（即太空人）所量到的距離 L 則較短，而且觀察者的速度愈快，所量到的距離愈短，此即所謂的長度縮減效應。

根據以上所得到的 L_0 與 L 的關係式，我們舉一個例子說明觀察者地運動狀態對於距離量測的影響。假設桌上有一根針，相對於針是靜止的觀察者，測量到針的長度為 L_0=5 公分。現在另外有三位相對於尺運動的觀察者，他們所量到的距離分別為（參考圖 17.2）：

- 甲坐在 1 號太空船上，假設速度是 0.5 倍光速，其所量到的針長度為 $L=5\sqrt{1-0.5^2}=4.33$ 公分。

- 乙坐在 2 號太空船上，假設速度是 0.9 倍光速，其所量到的針長度為 $L=5\sqrt{1-0.9^2}=2.18$ 公分。

- 丙坐在 3 號太空船上上，假設速度是 0.99 倍光速，其所量到的針長度為 $L=5\sqrt{1-0.99^2}=0.7$ 公分。

三個人用相同的尺，去測量同一根針的長度。結果卻發現，三個人所量測到的長度均不同，速度愈快的觀察者，他所量到的長度就愈短。

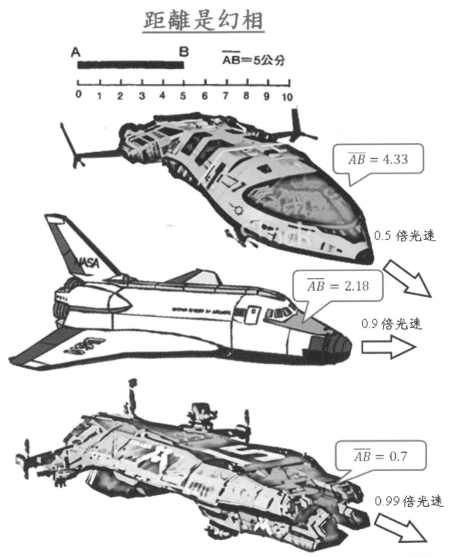

圖 17.2 距離不是絕對量，對於相同的物體，由於觀察者速度的不同，所量到的物體長度也都不一樣。

基於上面的討論，我們有下列的看法：

- 每一個系統的時間都是獨立的，而且所用以測量時間與長度的工具均完全相同。這一點是由狹義相對論的第一假設所得到，即在相對運動的慣性座標中，所有物理定律均相同。因此原子的振盪週期在不同的慣性座標中均相同，亦即每一個座標系統的基本最小時間單位均相同。

- 相對運動的快慢會影響對相同事件的描述。觀察者在空間的運動會造成時間與長度的變化。不同運動速度的觀察者所量到的時間與距離均不同。

　　長度縮減效應純粹是因為時空轉換所造成的，此與量測的工具與精度無關。時間距離與空間距離都是四維時空距離的投影量（參考圖 15.5），它們會隨著觀察者的運動狀態，而互相轉換，沒有固定的大小。

　　根據長度縮減效應，當觀察者與被量測對象之間的相對速度越來越快時，觀察者所量到的長度將越來越短。有了這樣的認識後，我們再回來看飛碟的運動。想像有一架飛碟朝向目擊者的正面飛來，而且速度越來越快，那麼目擊者所看到的飛碟長

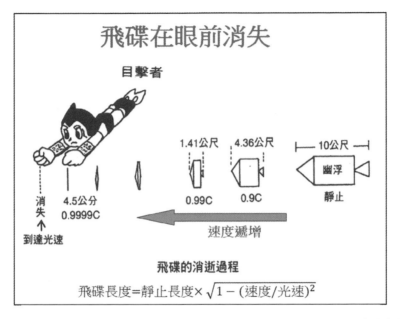

飛碟在眼前消失

目擊者

1.41公尺　　4.36公尺　　├─ 10公尺 ─┤

幽浮

消失　　4.5公分　　　　0.99C　　0.9C　　　　靜止
↑　　　0.9999C
到達光速

速度遞增

飛碟的消逝過程

飛碟長度 = 靜止長度 × $\sqrt{1 - (速度/光速)^2}$

圖 17.3 隨著目擊者與飛碟間的相對速度越來越快，目擊者所量到的飛碟長度也愈來愈短。

度會有怎樣的變化呢（參考圖 17.3）？利用（17.2）式的長度縮減
公式，幽浮從起飛到消逝的全程，應可描述如下：

- 設目擊者所看到的靜止飛碟全長 L_0 =10 公尺。

- 當飛碟加速到 0.1 倍光速時，目擊者所看到的飛碟長為 9.95 公尺。

- 當飛碟加速到 0.9 倍光速時，目擊者所看到的飛碟長為 4.36 公尺。

- 當飛碟加速到 0.99 倍光速時，目擊者所看到的飛碟長為 1.41 公尺。

• 當飛碟加速到 0.9999 倍光速時，目擊者所看到的飛碟長為 4.5 公分。

　　飛碟長度的變化如圖 17.3 所示。這裡須注意的是飛碟是在觀察者的眼前消失，這和我們在看天上的飛機越飛越遠時，然後消失的現象是完全不一樣的。飛碟的消失，是因其長度縮為零；飛機的消失，是因距離太遠，而變小。

　　在（17.1）式及（17.2）式中，有下標 0 的量稱為固有量，也就是沒有受到時空效應影響的本來量。在太空船上，太空人可量到從甲星飛往乙星所需要的固有時間 Δt_0，因為時鐘相對於太空人是靜止的。但是在太空船上無法量到甲星與乙星間之固有距離 L_0，因為太空船上的量度尺，相對於甲星或乙星而言，是在移動的，所以太空人所量到的只是區域距離 L，而非固有距離 L_0。

　　反之，在地球上的觀察者可量到甲星與乙星間之固有距離 L_0，因為地球上的量度尺相對於二星球而言，是固定不動的；但是地球上的觀察者卻無法量到太空船從甲星飛到乙星所需要的固有時間 Δt_0，這是因為地球上的時鐘相對於太空船而言，是在移動的。歸納以上的分析，我們可得到二點結論：

- 就太空人而言，他量到固有時間 Δt_0，但所量到的距離是縮減過後的距離 $L=L_0\sqrt{1-v^2/c^2}$。

- 就地球人而言，他量到固有長度 L_0，但所量到的時間是膨脹過後的時間 $\Delta t=\Delta t_0/\sqrt{1-v^2/c^2}$。

因此對於太空船從甲星飛往乙星這個事件而言，太空人看到的是長度縮減效應，而地球人看到的是時間膨脹效應，兩個效應所指的是同一事件。但要注意的是，同一觀察者不可能同時看到長度縮減效應與時間膨脹效應。

結合上一單元的時間膨脹效應與這一單元的長度縮減效應，我們已經可以對比鄰星之旅做一個完整的分析。比鄰星是離太陽系最近的恆星，距離我們 4.22 光年。如果光子火箭的速度是 0.999 倍光速，則火箭到比鄰星所需要的時間為 $\Delta t=4.22/0.999=4.26$ 年。但我們須注意這 4.26 年的時間乃地球人對光子火箭所做的觀測值，也就是（17.1）式中的 Δt 的值。將 $v=0.999c$，$\Delta t=4.26$ 年代入（17.1）式中，我們得到光子火箭上的太空人所感受到的時間歷程為 $\Delta t_0=0.19$ 年（約 70 天）。

地球人所量到的 $\Delta t=4.26$ 年是時間膨脹效應的結果，不是

光子火箭飛到比鄰星所需要的真正時間；太空人所量到的固有時間 Δt_0=0.19 年才是正確的時間。但是問題來了，如果太空人真的感覺只要花 0.19 年即可到達比鄰星，那麼他將產生自我矛盾，因為 0.19 年的時間，以火箭的速度（0.999 倍光速）來飛行，頂多只能旅行 0.19×0.999=0.1898 光年的距離，如何到的了 4.22 光年遠的比鄰星？

可見若只考慮時間膨脹效應，無法合理解釋逼近光速時的時空旅行現象。那麼問題出在哪裡呢？出在我們忽略了太空人所感受到的長度縮減效應。地球人測量到比鄰星與太陽系的距離是 L_0=4.22 光年，但火箭上的太空人可不這麼認為，根據（17.2）式，他所量到的距離為

$$L=4.22\times \sqrt{1-0.999^2}=0.1887 \text{ 光年}$$

這樣的距離以 0.999 倍光速去飛行，所需要的時間為 Δt=0.1887/0.999=0.19 年，此與前一段中，用時間膨脹效應所推論的結果相同，並沒有任何矛盾之處。因此太空人確實可以用較短的時間完成星際之旅，而其原因不是因為太空船上的時間變快或變慢，而是因為由太空船看來，目標恆星變近了。

我們再回顧一下方程式（17.2），當太空船的速度 v 趨近於

光速 c 時，則不管目標恆星與太空船原先的距離 L_0 為何，由高速飛行的太空船看來，它們的距離都趨近於零，即

$L = L_0 \sqrt{1 - v^2/c^2} \rightarrow 0$，當 $v \rightarrow c$ 時

圖 17.4 當太空船的速度趨近於光速時，我們將看到一個由光線形成的圓錐，錐尖指向我們的眼睛，原本分散在四面八方的恆星，現在沿著光錐全部被拉到我們的眼前。圖片來源：http://www.movies.com/movie-news/scientists-show-us-what- traveling-at-warp-speed-would-really-look-like/11156。

　　當所有恆星的距離看起來都趨近於零時，我們從駕駛艙往外看，將看到怎樣的奇景呢？圖 17.4 畫出了大概的情形，我們將看到一個由光線形成的圓錐，錐尖指向我們的眼睛。也就是說，原本分散在四面八方的恆星，現在沿著光錐全部被拉到我們的

圖 17.5 孿生子的時空旅行問題。2100 年時，迪克與珍妮都是 20 歲，迪克搭乘 0.8 倍光速的太空船往返一個 20 光年遠的星球，而珍妮則一直待在地球。迪克在太空船上過了 30 年，回來後，卻發現地球已經過了 50 年，珍妮比他老了 20 歲。圖片來源《Concepts of Modern Physics》，A. Beiser 著，圖 1.11，2003。

眼前；而且隨著太空船的速度愈加趨近於光速，光錐將被拉得越來越細長，造成我們的視野越來越小，最後視野被壓縮到一個點上，所有艙外的恆星現在全部匯集到眼前的一個點上，所有的距離全部化為零。

談到《狹義相對論》的時空效應，不能不提孿生子的時空旅

行問題。有了先前的準備工夫後，我們再來看孿生子問題就比較不會有疑惑了。

迪克與珍妮是一對孿生子，當迪克 20 歲時，他以 0.8c 的速度開始太空航行到一個 20 光年遠的星球，並以同樣的速度返回地球（參見圖 17.5）。我們要問當迪克回到地球時，他與待在地球上的珍妮比較起來，兩人相差了幾歲？從珍的觀點，迪克以 0.8 倍光速往返 20 光年遠的星球，所需要的時間為 $\Delta t = 2 \times 20/0.8 = 50$ 年。珍妮所感受的時間是時間膨脹效應下的結果，迪克在太空船上所經歷的時間只有 $\Delta t_0 = 50\sqrt{1-0.8^2} = 30$ 年。所以當迪克回到地球時，他應當只有 20+30=50 歲，而珍妮已經 20+50=70 歲了，所以二人相差了 20 歲，如圖 17.5 所示。

以上的推論是基於以下的事實：珍妮量到的是膨脹時間 Δt，而迪克量到的是固有時間 Δt_0。有人提出來相反的看法，認為如果以迪克的觀點來看，應該是地球以 0.8 倍的光速在運動，所以地球上的珍妮量到的才是固有時間 $\Delta t_0 = 30$ 年，迪克量到的反而是膨脹時間 $\Delta t = 50$ 年。如此得到的結論剛好與前面的結論相反。哪一種說法才對呢？這就是《狹義相對論》中所謂的孿生子難題（Twin Paradox）。

問題出在固有時間 Δt_0 的定義。讓我們回到圖 34.1 中，回憶一下固有時間的定義。和光子時鐘沒有相對位移的觀察者，即太空船內的觀察者，量到的是固有時間 Δt_0；而和光子時鐘有相對位移的觀察者，即地球上的觀察者，量到的是膨脹時間 Δt。所以判斷固有時間的關鍵在於決定哪一位觀察者和時鐘沒有相對位移。但是問題還是沒有全然解決，因為太空船上與地球上都可以放時鐘，二方的觀察者都可以說他們相對於自己系統的時鐘是靜止的。所以問題最後變成是要決定哪一方的時鐘才是參考時鐘？一但參考時鐘決定了，相對於參考時鐘靜止的觀察者，所量到的時間即為固有時間。

學生子問題最主要在於決定迪克到達遠方星球的時間。迪克到達星球的瞬間，只有迪克本人知道，所以他只要在出發瞬間按一下碼錶，到達瞬間按一下碼錶，就知道了他到達星球所花費的時間。反之，迪克到達星球的瞬間，珍妮並不知道，縱使迪克在到達星球的瞬間，發出一個電子信號告訴珍妮，珍妮也要等 20 年之後才能收到（注意星球距離地球 20 光年，電磁波以光速傳遞，需要 20 年才能到達地球）。太空船上的時鐘能夠正確記錄出發與到達的瞬間，所以太空船上的時鐘才是這個問

題的參考時鐘，迪克相對於參考時鐘是靜止的，所以迪克所量
到的時間是固有時間；珍妮相對於參考時鐘是在運動的狀態，
所以珍妮量到的時間是膨脹時間。

　　相對於珍妮所量到的膨脹時間 50 年，迪克在太空船上所經
歷的時間只有 30 年，但這並不是意謂太空船上的時鐘走的比較
慢。迪克確實只花了 30 年的時間就到達遠方星球，因為從他的
觀點，星球與他的距離變短了

$$L = L_0 \sqrt{1 - v^2/c^2} = (20光年)\sqrt{1 - 0.8^2} = 12光年$$

而不是珍妮所認為的 20 光年。對迪克而言，時間以正常的
速率前進（並沒有變慢），但是他的去程只花了 $L/v = 12/0.8 = 15$
年，而回程也花了 15 年，總共是 30 年，這和珍妮的推論是一
樣的。所以珍妮經歷了時間膨脹效應，而迪克經歷了長度縮減
效應，二者都獲得一致性的結論：地球上的珍妮過了 50 年，而
太空船上的迪克過了 30 年。

　　為了驗證以上的時間推論，我們接下來進行一個簡單的實
驗。迪克和珍妮在分離之後，為了要知道對方已經過了幾年，每
年都彼此發送出一個無線電信號給對方。所以迪克如果收到了
50 個信號，就知道珍妮那邊已經過了 50 年（注意：珍妮固定每

一年發送一個信號出去）；反之，如果珍妮收到了 30 個信號，就知道迪克在太空船上過了 30 年。因此根據各自所收到的信號數，就能知道對方已經過了幾年。那麼到底他們各自收到了多少個信號呢？下面我們來算一下。

迪克和珍妮發信的頻率是每一年一封，如果雙方沒有相對運動的話，他們也將每一年收到一封信。但是迪克和珍妮實際上有著高速的相對運到，他們收信的頻率將不再是每一年一封，這是受到都卜勒效應的影響。我們所熟知的聲音都卜勒效應是指：當火車進站時，音源接近，頻率會增加；反之，火車離站時，音源遠離，頻率會降低。電磁波信號也一樣會有都卜勒效應。在離開的旅程中（去程），迪克和珍妮以 0.80c 的速度分開，依據都卜勒公式的推論，他們收信的週期為

$$T_1 = T_0 \sqrt{\frac{1+v/c}{1-v/c}} = (1年) \sqrt{\frac{1+0.8}{1-0.8}} = 3年$$

在他們遠離的過程中，收信的頻率會降低，原本是每年收一封，現在變成每三年收一封；在回程時，迪克和珍會以相同的速率接近對方，故收信的頻率會增加：

$$T_2 = T_0 \sqrt{\frac{1-v/c}{1+v/c}} = (1年) \sqrt{\frac{1-0.8}{1+0.8}} = \frac{1}{3}年$$

也就是每 1/3 年就會收到對方的一個信號。

　　我們先來分析迪克收信的情形，由迪克收到幾封信，就可以知道珍妮在地球過了幾年。對迪克來說，在去程的 15 年中，每三年收到一個信號，故他從珍妮那兒收到 15/3 =5 個信號；在回程的 15 年中，每 1/3 年收到一個信號，故迪克收到 15/(1 /3)=45 個從珍妮發出的信號。總計去程與回程共收到 5+45=50 個信號，因此迪克推論珍妮在地球上已過了 50 年，所以迪克和珍妮自己都同意在這段太空旅行結束時，珍妮已經 70 歲了。

　　其次分析珍妮收信的情形。對地球上的珍妮而言，迪克需要 L_0/v=20/0.8=25 年的時間才能抵達該星球。在第 25 年剛好抵達時，迪克發出一個訊號通知珍，此訊號以光速前進，要花 20 年才能到達地球（也就是迪克出發後的第 45 年）。因此對珍妮而言，在迪克出發後的 45 年之內所收到的訊號，都是迪克在去程時所發的訊號。根據前面的計算，去程時珍妮每三年接收到一次迪克所發出的信號，故在迪克抵達該星球時，珍總共收到 45/3=15 個信號。

　　對於珍妮而言，迪克在第 50 年時回到地球，所以在第 45 年以後到第 50 年之間，珍妮所收到的訊號都是迪克在回程時所發的訊號。根據前面的計算，回程時珍妮每 1/3 年接收到一次迪

克所發出的信號，故可收到5/(1/3)=15個信號。結合去程與回程，珍妮總共收到 15+15＝30 個迪克所發的信號。又因迪克每一年發一次訊號，在迪克回抵地球前，珍總共收到 30 個訊號，故珍推論迪克在外的時間只有 30 年，此與迪克自己的推論一致。

綜合整個旅程，迪克總共收到 50 封珍妮發出的信號，迪克推論珍已過了 50 年，此與珍妮的認知相同。珍妮總共收到 30 封迪克發出的信號，珍妮推論迪克已過了 30 年，此與迪克的認知相同。

飛碟的飛行原理

3. 空間扭曲

　　《狹義相對論》僅能適用於等速運動的座標系統（即慣性座標系統），當系統有加減速運動，或受到重力影響時，《狹義相對論》就不能用了。太空船從地球起飛，跨越時空到另一個星球降落，過程中等速運動的部分可遵循《狹義相對論》，但牽涉到加減速運動的部分，如起飛和降落，我們就需要查閱另一本時空旅行指南──《廣義相對論》。

　　愛因斯坦[1] 花了 10 年時間將他的理論擴展到具有加速度運動的系統，又因為等速運動是加速度運動的一個特例（其加速度的值剛好為零時），所以我們就稱他擴展後的理論為《廣義相對論》。《狹義相對論》提出時間與空間都是相對性的量，

1.1905 年 6 月 30 日，愛因斯坦在德國《物理年鑑》發表《論動體的電動力學》一文。首次提出了《狹義相對論》基本原理，論文中提出了兩個基本公理：「光速不變」，以及「相對性原理」。1915 年愛因斯坦發表了《廣義相對論》。他所作的光線經過太陽重力場要彎曲的預言，於 1919 年由英國天文學家愛丁頓的日全蝕觀測結果所證實。1916 年他預言的重力波在 1978 年也得到了證實。

圖 18.1 重力是一種相對性的量，不同加速度運動的觀察者所量到的重力都不一樣。坐在遊樂園中自由落體平台上的觀察者，是處於加速座標系統，由他們的角度來看，在平台下墜的過程中，重力幾乎為零，亦即處於失重的狀態。圖片來源： http://www.arowanahome.com/UploadFile/2010-7/20107121644301 0573.jpg。

不同等速運動的觀察者，他們所測量到的時間距離與空間距離都不一樣。《廣義相對論》則更進一步指出「重力」也是一種相對性的量，不同加速度運動的觀察者所量到的重力都不一樣。例如當我們乘坐快速下降電梯時，會感覺好像體重變輕了。坐在遊樂園中自由落體平台上的觀察者，由他們的角度來看，在平台下墜的過程中，幾乎處於失重的狀態（參考圖 18.1）。相反地，當太空梭要離地起飛的剎那，太空人感覺他們的重量好像增加了好幾倍。電梯、自由落體平台、太空梭都是加速座標系統，它們的加速度不同，其內觀察者所感受的重力也都不一樣。這

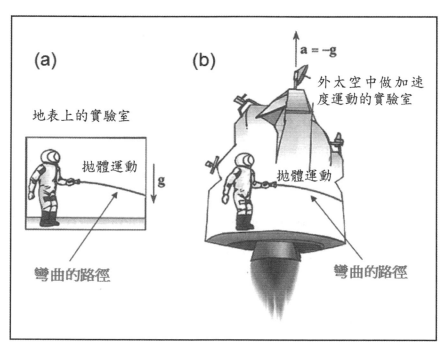

圖 18.2 （a）在地球表面固定的實驗室內，所觀察到的拋體運動；（b）在外太空做加速度運動的實驗室內，所觀察到的拋體運動。兩者所觀察到的拋體運動完全相同，無法區分哪一個實驗室是在地表，哪一個在外太空。此一現象表達了重力與加速度運動的等效性。圖片來源《Concepts of Modern Physics》，A. Beiser 著，圖 1.18，2003。

就是所謂的「重力的相對性」，正是《廣義相對論》的核心思想。

　　由上面的例子，我們知道重力不是絕對的量，它的值會受到加速度的影響。愛因斯坦進一步指出，重力與加速度其實是等義的觀念。他舉出一個實驗來說明二者的等義性。在一個遠離任何星體的太空中，有一艘太空船（參考圖 18.2），它沒有受到任

何重力作用，但其本身正以 g=9.8m/sec^2 的加速度（此值剛好等於地球表面的重力加速度）運動。假設裡面的太空人並不知道太空船的運動情形，所以他想要做一個實驗來測定他所在的重力場強度有多大。太空人手拿一個發射器，將小球水平射出。結果發現小球呈現拋體運動，最後掉落在地板上。小球的運動軌跡說明小球確實受到重力場的作用。為了求得重力加速度 a，太空人測量得到下列數據：小球的水平拋射距離 L=4.85 公尺，初始高度 H=1.2 公尺，水平初速 V_0=1 公尺 / 秒。利用這幾個量測值，並代入高中所學的拋體運動公式，太空人得到小球的向下加速度為

$$a= \frac{1}{2H} (\frac{L}{V_0})^2 = \frac{1}{2 \times 1.2} (\frac{4.85}{1})^2 = 9.8 \ m/sec^2$$

此值剛好等於地球的重力加速度為 9.8m/sec^2。根據測量結果，太空人判定太空船還停在地球表面，或是停在一個和地球重力場一樣的星球表面上。

太空人的實驗是正確的，他忠實地紀錄了在太空船內所看到的事件。但在太空船外的觀察者，一定會認為太空人的結論很可笑，因為太空船根本不受到重力，太空船的四周圍也沒有任何星球，而只是太空船本身受到一作用力使其以 9.8m/sec^2 的加

速度向上運動。如果沒有受到重力作用，那麼球為何會落地呢？球未脫離手之前，是和太空人一起做加速度運動；球離開手後，則保持離開瞬間的速度，做等速度運動。然而地板以及整個太空船的速度卻不斷在增加（注意太空船是在做向上的加速度運動），因此地板很快就追上小球。最後這句話很重要，對太空船外的觀察者而言，是地板追到球；而對太空人而言，卻是球掉落在地板。

很明顯的，太空人所感受到的重力只是一種假象。我們先別取笑太空人弄假成真，因為我們的認知與太空人實在沒有兩樣！太空船就是地球，太空人指的就是居住在地球上的人類。當人類看到樹上的果實掉落在地面上時，一定是想到地球一定有什麼力量在吸引著樹上的果實（尤其是牛頓），絕不會想到是樹上的果實不動，而是地面跑來撞它的（除了愛因斯坦）。

牛頓的萬有引力是正確的，因它忠實描述了太空船內所發生的現象，愛因斯坦也看到了相同現象，但他是從太空船的外面來看。這樣他看到了重力的本源，看到了重力與加速度間之等效關係。愛因斯坦更進一步透過彎曲空間所產生的加速度效應，成功地將重力（萬有引力）現象用靜態的空間彎曲程度加以描

UFO

圖 18.3 地球對人造衛星的吸引是因地球將周圍時空凹陷後，衛星順勢下滑的結果，但是表面上看起來好像是地球有一股力量在吸引著衛星。圖片取材自網址 http://www.huanqiukexue.com/html/guancha/zhuanti/2011/1122/19356.html。

述。

　　根據愛因斯坦的《廣義相對論》：「萬有引力是時空彎曲所造成的。」如圖 18.3 所示，一顆星球將其周圍的空間凹陷，它的衛星順著凹陷的曲面而運動。這種情形就好像在彈簧床的中間擺一個 50 公斤的大鐵球，然後在床緣放一個小鋼珠，則見小鋼珠朝大鐵球滾去，是大鐵球在吸小鋼珠嗎？不是！是大鐵球將床面「凹陷」後，小鋼珠順勢下滑而已。

　　同樣的道理，大星球對小星球的吸引，是因大星球將周圍時空凹陷後，小星球順勢下滑的結果，所以表面上看起來好像是

大星球有一股力量在吸引著小星球。

　　圖 18.4 的左圖在說明重力所造成的時空凹陷現象。巨大星系將周圍空間凹陷後，使得從後方射進來的光線通過凹陷區時，也要順著空間凹陷起伏的「地形」而向前運動。而另外一條光線由於其路徑遠離凹陷區，所在的空間很平坦，所以進行的路徑是直線。今比較二束光，一束通過凹陷區，其路徑曲折起伏，

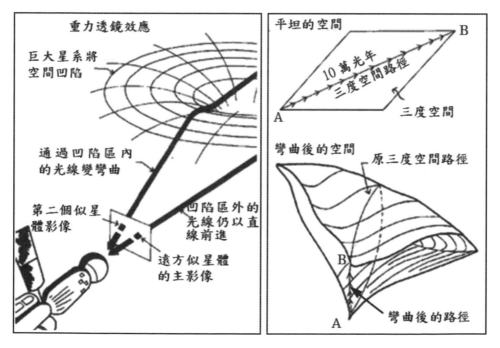

圖 18.4 左圖：空間的凹陷造成二條光路徑的長度不同，猶如是光通過透鏡的效果，故稱重力透鏡效應。右圖：透過空間的彎曲對折，可將原本距離遙遠的 A、B 二點，變成幾乎重疊。

圖 18.5 西非多哥共和國於 1979 年，發行了一張紀念愛因斯坦百年誕辰的郵票，簡潔有力地表達出廣義相對論的主要貢獻。上面的實線代表真實的光線，下面的虛線代表星星的視位置。圖片取材自網址 http://se.risechina.org/kxwh/ YPKX/200607/35_7.html。

另一束遠離凹陷區，其路徑為直線，所以前者的路徑長度大於後者的長度。因此當這二束光到達我們的觀測站時，就會有時間的相位差，而在觀測鏡上留下兩個影像，一個是主影像，一個是次影像。此一光學效果好像是光線通過透鏡所產生的情形一樣，因此又稱為重力透鏡效應。

　　圖 18.5 展示一張西非多哥共和國於 1979 年所發行的郵票，這是一張紀念愛因斯坦百年誕辰的郵票，傳神地表達出廣義相對論的主要貢獻。來自遠方恆星的光線，受到太陽周圍空間凹陷的影響，其行進的路徑被彎曲。這使得望遠鏡中所看到的恆

星位置，偏離了其實際的位置。

在三度空間中才可以看到一個二度平面被扭曲成曲面的外形；同理，只有在四度空間中，才能見到三度空間被扭曲後的外形。一個平坦的空間不會產生重力，而空間扭曲的愈厲害，其重力愈強。從目擊者對幽浮所拍下的影片顯示，幽浮的運動完全不受地心引力的影響，此說明幽浮具有改變空間扭曲程度的能力。在地表附近的空間，應具有某些程度的扭曲度，才能造成我們所熟知的地心引力。幽浮在地表附近運動時，原本應受到地心引力的影響，但若其將原扭曲的空間加以平坦化後，則地心引力不復存在。科學界有人在研究發明反重力裝置，其關鍵技術就在於如何操控空間之扭曲程度。

空間之扭曲程度，對於居住在三度空間的人們而言，是很抽象的東西，因為在三度空間內的人是無法感受到空間本身的彎曲。原先距離遙遠的二點，經過空間扭曲後，會變得很近。這猶如紙張對角線二端點的距離最遠，螞蟻要走較久；但將紙張對折後，螞蟻可在一瞬間從一角到達另一角。這螞蟻就是飛碟，紙張就是空間。飛碟將空間彎曲後，可在一瞬間從太空中的一角到達另一角。

參考圖 18.4 的右圖，其中Ａ、Ｂ表在三度空間中距離 10 萬光年的二顆星球，因此若以光速旅行，從Ａ到Ｂ需要 10 萬年的時間。但是若將空間加以彎曲（注意三度空間的彎曲，須在四度空間中，才能看得到），則Ａ、Ｂ間之距離將大為縮減。如右上圖所示，將Ａ、Ｂ所在的空間視為一平行四邊形，沿著從左下角到右上角之對角折線，將此平行四邊形對折，對折後之空間如右下圖所示，此時原先距離遙遠的Ａ、Ｂ兩點，現在則幾乎重疊（從四度空間看來）。

由三度空間看四度空間之難於理解，正猶如二度平面看三度空間之難於理解。在圖 18.6 中，有一隻螞蟻要從Ａ走到Ｂ。螞蟻是二度平面的生命（僅能在平面運動），如果牠要從Ａ爬到Ｂ，它必須沿著一條在二度平面上的路徑：Ａ → Ｃ → Ｄ → Ｂ，總共需爬行 201 公尺。如果螞蟻學會飛，則牠直接由Ａ飛到Ｂ，只要飛行 1 公尺。因此

- 二度平面的螞蟻認為Ａ、Ｂ之間長 201 公尺。

- 三度空間的螞蟻認為Ａ、Ｂ之間長 1 公尺。

我們可以做如下的對應：若Ａ表太陽，Ｂ表另一顆恆星。

看不見的多度空間

螞蟻是二度空間的生命(僅能在平面運動)，如果他要從A到B，須走二度空間路徑：A→C→D→B

　　　　總共須爬行201公尺

如果螞蟻學會飛，則牠直接由A飛到B，只要飛行1公尺。二度空間的螞蟻認為A，B之間長201公尺。三度空間的螞蟻認為A，B之間長1公尺。

圖 18.6 二度平面的螞蟻認為 A、B 間之距離有 201 公尺，然而對於會飛的螞蟻（即三度空間的螞蟻），A、B 之間只隔 1 公尺。螞蟻學會飛，就猶如人類學會進入四度空間。

- 三度空間的人類認為 A、B 之間相距 201 光年。

- 四度空間的人類認為 A、B 之間相距 1 光年。

　　我們所認為的太空之中兩顆恆星距離數十萬光年的遙遠距離，那純粹是三度空間的觀念罷了！就如同上面的螞蟻一樣，二度平面的螞蟻認為 A、B 之間非常遙遠，要走很久才能到達。然而對於會飛的螞蟻（即三度空間的螞蟻），A、B 二點可說

近在咫尺，飛一下就到了。

　　螞蟻學會飛，就猶如人類學會進入四度空間，本來認為的距離障礙，一下子就不見了。我們可以做如下的結論：所能夠進入的空間度數越高，距離的限制及障礙就越低。

　　某些星球離地球非常地遙遠，這遙遠的概念純粹是來自三度空間的感覺，從四度或更高度的空間來看，幾萬光年外的星球，可以瞬間即至。我們再舉一個例子來說明「遠在天邊，近在咫尺」的空間扭曲概念。考慮如圖 18.7 所示的一根鐵線，現有一隻螞蟻想要從 A 點到達 C 點。由於螞蟻是平面型（二度平面）的動物，牠只能乖乖地從 A 慢慢爬經 B，再到 C。如果 A 與 C 之間有一公里的距離，對螞蟻而言，真是非常遙遠的，牠們要花很久的時間才能到達目的地。如何才能使螞蟻很快地從 A 到 C 呢？這可以由三個層次加以說明：

· **第一個層次**，螞蟻改進其爬行速度，以縮短運動時間。不過這可能需要幾萬年的演化，才能使螞蟻的速度增快一倍或二倍。

· **第兩個層次**，某些突變的螞蟻（如飛蟻），學會飛，飛的速度一定比爬的速度快多了，因此在比較短的時間內即可到達。

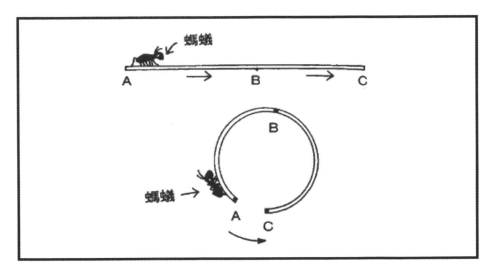

圖 18.7 彎曲空間可縮短 A 與 C 間的距離，但二度平面的螞蟻如果不會飛（進入三度空間），仍然無法經由捷徑從 A 到 C，而必須沿著彎曲的路徑，經由 B 到 C，這時路徑長與直線比起來並沒有縮短。這裡的螞蟻比喻三度空間的人類，會飛的螞蟻比喻四度空間的人類。

但是以螞蟻的大小，其飛的速度有一定的極限，若 A 與 C 之間長達數千公里，則螞蟻縱使是用飛的，也很難在其有生之年到達目的地。

· **第三個層次**，螞蟻不但學會飛（即由平面運動發展為三度空間運動），且懂得把鐵線弄成彎曲（見圖 18.7 的下圖），則螞蟻可以直接從 A 飛到 C，而不必沿著原先 A → B → C 之漫長路徑。

上面的例子中，螞蟻用來影射人類，A點比擬地球，C點代表遙遠的一顆恆星。A → B → C為一條三度空間的路徑（可能有數萬光年遠）。人類為了到達目的地C，所經歷的科技文明，亦可分成下列幾個層次：

第一個層次，人類學會飛行的技術（相當於螞蟻學會爬），而且飛行技術逐漸改良，使飛行所需時間減少（相當於螞蟻爬得越來越快）。但人類學會飛行，需要經過自有現代人類以來，數萬年的文明演進。

第兩個層次，人類學會進入四度空間的方法。這好像是螞蟻會飛以後，其超越障礙物的能力將大為提升。例如距離只有一公分的二張桌子，螞蟻發現了另一張桌面上有好吃的食物，如果螞蟻會飛，則可以直接飛過一公分寬的懸崖（對螞蟻而言），立即取得食物，而不必沿著桌腳爬到地面後，到達另一張桌子的桌腳，再沿著桌腳到達桌面而取得食物。但要注意的是螞蟻縱使會飛，也無法去改變桌面之間的距離，如果桌面距離 100 公尺，牠們仍然要飛過 100 公尺，才能到達目的地。

同樣的道理，人類能進出四度空間，帶來的方便就是能在很短的時間跨越原先認為很遙遠的距離。能進入四度空間，只是說

明人類找到了捷徑，不必繞遠路就可以到達另一個三度空間，但是若另一個三度空間的時空距離相對於現在的三度空間很遠時，仍然需要很長的時間才能到達（猶如兩個相距很遠的桌面，螞蟻縱使會飛，也要飛很久）。

第三個層次，人類可以進出四度空間，並且有能力造成時空的彎曲。這時候距離遙遠的二顆恆星，可以透過彼此間之空間扭曲，而縮短距離。

飛碟能瞬間出現，瞬間消失。顯示外星人已經到達第三個層次：能進入四度空間並有扭曲時空的能力。這使得外星人所居住的星球，雖然從三度空間看來，距離地球有數萬光年，但從四度空間觀之，則也許只有月球到地球間之距離。因此飛碟只需要很短的時間便可以從他們的星球到達地球。

企業號星艦的
宇宙之旅

　　有沒有可能以二、三十年的時間穿越 150 億光年的浩翰宇宙呢？也就是說以光子火箭用光的速度旅行 150 億光年的距離，不需要 150 億年，只要二、三十年就足夠了，這樣子的夢想有可能實現嗎？根據星際旅行指南──《相對論》，這是實際可辦到的事情。在這一單元中，我們將乘坐企業號星艦來一趟宇宙之旅，星艦內的電腦按照《相對論》的公式，一一算出太空船每年可飛行的距離，並預測在星艦第 23 年時，飛抵 100 億光年遠的宇宙邊緣。

　　由於太空人須好幾年都生活在星艦內，因此要使得太空人在星艦上的感覺和在地球的感覺一模一樣。而其中最大的差異點是在地球上，人類恆常受到一個 g 的重力加速度；然而太空中的重力卻是零。依據《廣義相對論》的等效性原理，當企業號星艦以一個 g 的加速度前進時，太空人將感受到與地球一模一樣的重力場；當星艦要減速時，也以一個 g 的減速度進行，此

圖 19.1 企業號星艦停在地球軌道上，正為乘客提供飛行前簡報，準備來一趟跨越宇宙的星際奇航。圖片來源：Startrek 星際旅行插畫集 16。

時須將星艦的頭、尾做 180 度的對調，因此雖然星艦正在做 1g 的減速，但裡面的太空人仍然覺得是在做 1g 的加速度，使得不管星艦的運動如何，太空人仍猶如置身於地球的重力場一般。如此才能確保太空人能健康地在星艦內生活；否則長期處在高於 1 個 g 或小於 1 個 g 的重力場內，太空人遲早會精神錯亂的。

宇宙號星艦以一個 g 的加速度（相當於 9.8 米 / 秒平方）離開

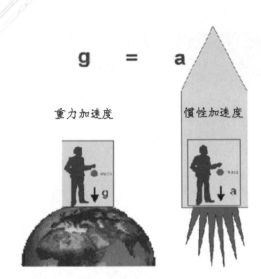

圖 19.2 依據《廣義相對論》的等效性原理，當企業號星艦以一個 g 的加速度前進時，太空人將感受到與地球一模一樣的重力場。圖片來源：http://163.13.111.54/general_physics/OSC_Ch-35_relativity.html。

地球，航向浩瀚的宇宙海，什麼時候太空人才能到達宇宙的邊緣呢？如果星艦到達宇宙的邊緣後，又折返地球，太空人仍活著嗎？那時地球變得如何？地球還存在嗎？這些疑問都可以借助相對論公式的計算而獲得解答。

星艦能以短短幾年的時間飛行數十億光年的距離，所依據的正是《相對論》的長度縮減效應與時間擴張效應。下面要介紹的太空軌跡計算以及時空轉換公式都已經 設定在企業號的主電腦之中（參見圖 19.3），看不懂數學的乘客可以跳過這一段簡報，直接看表 19.1 中，企業號主

電腦所列出的時空之旅行程規劃單。

原先我們在第 16 單元所提到的時間擴張效應：

$$\Delta t = \frac{\Delta t_0}{\sqrt{1-v^2/c^2}} \tag{19.1}$$

只適用於等速運動的太空船（速度 $v=$ 定值）。但目前企業號星艦處於加速的狀態，它的速度 v 一直在變化，所以（19.1）式必須修改成某一瞬間的時間擴張效應：

$$dt = \frac{dt_0}{\sqrt{1-v^2(t)/c^2}} \tag{19.2}$$

其中微分 dt 代表 $\Delta t \to 0$ 的情形，微分 dt_0 代表固有時間 $\Delta t_0 \to 0$ 的情形。（19.2）式中的航艦速度 v（t）是待求的時間函數，它可由力學的基本觀念：「作用力 F 等於動量的時間變化率」來求得：

$$F = mg = \frac{d}{dt}(\gamma mv) = \frac{d}{dt}\left(\frac{mv}{\sqrt{1-v^2/c^2}}\right) \tag{19.3}$$

其中我們注意到動量 mv 被乘上一個參數 $\gamma = (1-v^2/c^2)^{-1/2}$，稱為相對論的修正因子。引入此一修正因子後，牛頓力學的觀念：「作用力等於動量的變化率」，仍可適用於相對論的體系。航艦受到一個固定力 $F=mg$ 的作用，其中 $g=9.8m/sec^2$ 是地表的重力加速度，其目的如前所述，就是要讓航艦內的太空人感覺像是生活在地球上一般。

圖 19.3。聯邦星艦企業號 NCC-1701-D 的船艦室，其中負責軌道計算及時空轉換的主電腦在後方一排。圖片來源：http://photo.pchome.com.tw/zou0621/ 130966370291。

在（19.3）式的二邊，對時間進行積分，並注意左邊的積分是 *mgt*，右邊本是一函數對時間的微分，再積分的結果又回到原函數，因此（19.3）式的積分變成

$$gt = \frac{v}{\sqrt{1 - v^2/c^2}} \qquad (19.4)$$

利用上式即可求解出速度 v，用時間 t 表示如下：

$$\frac{v}{c} = \frac{t}{\sqrt{t^2 + c^2/g^2}} \le 1 \qquad (19.5)$$

上式說明航艦在固定力 $F = mg$ 的作用下，其速度遞增，但其值永遠比光速 c 小，唯有當時間趨近於無窮大時，航艦的速度 v 才會趨近於光速 c。這是相對論架構下的自然結果，亦即光速是

任何物體速度的極限值。

在（19.5）式中，我們已將 v/c 表成時間 t 的函數，再將此一函數代入（19.2）式中，可得時間擴張效應的瞬間關係式：

$$dt_0 = \frac{c/g}{\sqrt{(c/g)^2 + t^2}} \, dt$$

再將上一式積分，即可得固有時間 t_0 與區域時間 t 之關係式：

$$t = \frac{c}{g} \sinh\left(\frac{t_0}{c/g}\right) \qquad\qquad (19.6)$$

其中 sinh 稱為超正弦函數，它可用指數函數表示如下：$\sinh(x) = (e^x - e^{-x})/2$。固有時間 t_0 就是航艦上的時間，而區域時間 t 就是地球上的時間。我們知道指數遞增非常的快速，所以在（19.6）式中，航艦上的時間 t_0 增加一點點，地球上的時間 t 將會產生很大的變化。這變化有多大呢？在下面的計算表格中，我們將看到航艦上的第 23 年，地球竟然已經過了一百億年。

我們最後一個要推導的公式，是關於航艦旅行的距離 L_0 如何隨時間而變。距離的時間變化率等於速度，寫成數學式就是 $v = dL_0/dt$，將這個式子代入（19.5）式中，得到 dx 與 dt 間之關係為

$$\frac{dL_0}{c} = \frac{t\,dt}{\sqrt{t^2 + c^2/g^2}}$$

再對上式積分，我們即可獲得航艦飛行距離隨時間變化的關係

式：

$$\frac{L_0}{c}=\sqrt{t^2+c^2/g^2}-\frac{c}{g} \qquad (19.7)$$

為了計算方便，我們將三個主要關係式（19.6）、（19.5）、（19.7）歸納改寫如下：

$$t=A\ \sinh(\frac{t_0}{A}) \text{，} \frac{v}{c}=\frac{t}{\sqrt{t^2+A^2}} \text{，} L_0=\sqrt{t^2+A^2}-A \qquad (19.8)$$

其中時間 t 與 t_0 是以年為單位，距離 x_0 是以光年為單位，而 A 是一常數：

$$A=\frac{c}{g(year)}=\frac{299792458}{9.80665\times365.2425\times24\times3600}=0.96873497$$

在求 A 值時，我們盡量將光速 c 及重力加速度 g 取到足夠多的有效位數，因為很小的誤差都會被超正弦函數 sinh 放大。當星艦時間從第 1 年（$t_0=1$）到第 23 年的旅程中，我們將根據（19.8）式，分別計算地球所經歷的時間 t，星艦的飛行速度（v/c），以及星艦飛行距離 L_0，並將結果歸納成表格 19.1。

表 19.1 聯邦星艦企業號百億光年時空之旅 - 行程規畫表

星艦時間（年）	地球時間（年）	飛行速度（除以光速）	飛行距離（光年）	到訪的星系
1	1.187×10^{0}	0.774739	5.634×10^{-1}	
2	3.756×10^{0}	0.968263	2.910×10^{0}	半人馬座阿爾法星 C
3	1.070×10^{1}	0.995924	9.775×10^{0}	羅斯 154 星
4	3.008×10^{1}	0.999482	2.913×10^{1}	
5	8.447×10^{1}	0.999934	8.351×10^{1}	已飛越數千恆星
6	2.372×10^{2}	0.999992	2.362×10^{2}	
7	6.658×10^{2}	0.999999	6.648×10^{2}	
8	1.869×10^{3}	1	1.868×10^{3}	
9	5.248×10^{3}	1	5.247×10^{3}	
10	1.473×10^{4}	1	1.473×10^{4}	
11	4.136×10^{4}	1	4.136×10^{4}	穿越銀河系中心
12	1.161×10^{5}	1	1.161×10^{5}	完全脫離本銀河系
13	3.260×10^{5}	1	3.260×10^{5}	

14	9.152×10^5	1	9.152×10^5	仙女座星系
15	2.569×10^6	1	2.569×10^6	
16	7.214×10^6	1	7.214×10^6	漩渦星系 NGC300
17	2.025×10^7	1	2.025×10^7	漩渦星系 M83 和 M104
18	5.686×10^7	1	5.686×10^7	室女座星系團
19	1.596×10^8	1	1.596×10^8	似星體
20	4.481×10^8	1	4.481×10^8	宇宙巨牆 宇宙柵欄
21	1.258×10^9	1	1.258×10^9	似星體
22	3.532×10^9	1	3.532×10^9	
23	9.916×10^9	1	9.916×10^9	已飛越 100 億光年

在表 19.1 中，第一行表示星艦的時間經歷 (t_0)；第二行表示地球的時間 (t)；第三行表示星艦飛行之速度 (v/c)，第四行表星艦飛行之距離 (L_0)；第五行表星艦所要到訪之星系。表中顯示星艦第 8 年以後，星艦飛行速度都達到光速 ($v/c=1$)，這實際上是小數點第 7 位以後四捨五入的結果。星艦速度並未達到真正光速，但已非常接近，才造成四捨五入後都等於光速的情形。

　　在表 19.1 中，我們特別注意地球時間與飛行距離的關係。當星艦速度達到近似光速時，地球所經歷的『年數』與企業號星艦所飛行的『光年數』趨於一致。例如星艦時間第 10 年，地球已經度過 1 萬 4730 年，而同一時間，星艦的飛行距離達到 1 萬 4730 光年。這是因為星艦此時幾乎是以光速飛行，所以它飛行幾年，飛行的距離就有幾光年。地球上的 1 萬 4730 年，我們先前稱之為時間膨脹，這是相對於星艦上的 10 年來講的。但是對於地球人而言，時間可是沒有膨脹，他們如假包換地度過 1 萬 4730 年的滄桑歲月，同時看到星艦飛行了 1 萬 4730 光年。

　　但是若以太空人的觀點來看，星艦花 10 年的時間，即可飛行 1 萬 4730 光年，這樣不就是代表星艦的速度是光速的一千多倍嗎？但是大家不要忘記，這 1 萬 4730 光年的飛行距離是地球人的觀點，不是太空人的觀點。太空人所量到的星艦飛行距離稱作縮減距離 L，它比地球人所量到的固有距離（L_0）1 萬 4730 光年，還要小很多，二者的關係如（17.2）式所示：

$$dL = \sqrt{1 - v^2/c^2}\, dL_0 \tag{19.9}$$

　　由於速度 v 每個瞬間都在變，所以上式中的 L 和 L_0 被它們的瞬間變化值 dL 和 dL_0 所取代。將（19.5）式代入（19.9）式，將之改寫成

$$dL = \frac{c/g}{\sqrt{t^2+c^2/g^2}}\, dL_0 = \frac{c/g}{L_0/c+c/g}\, dL_0$$

其中第二個等式是利用 (19.7) 式而得到。最後再對上式積分，即可獲得 L 和 L_0 的關係式為

$$\frac{L}{c} = \frac{c}{g}\ln\left(\frac{L_0/c}{c/g}+1\right) \rightarrow \frac{L}{A} = \ln\left(\frac{L_0}{A}+1\right) \tag{19.10}$$

在上式右邊的式子中，我們將距離表成以光年為單位，而常數 A 已於前面定義過。

現在我們回到先前的討論，也就是當星艦時間第 10 年時，從地球來看，它已飛行了 1 萬 4730 光年。現在將 L_0=14730 光年代入 (19.10) 式，我們得到 L=9.3284 光年，這就是由太空人測量到的星艦航行距離。所以從太空人的角度來看，星艦以 10 年的時間，航行 9.3284 光年，是相當合理的結果。太空人所認知的場景，以 10 年時間航行 9.3284 光年，其實是發生在四維時空之中；若從三度空間的地球觀察者來看，此一場景卻歷經了 1 萬 4730 年的滄桑歲月，同時跨越了 1 萬 4730 光年的漫長距離。

在表格 19.1 的最後一行，星艦時間第 23 年，它已飛行了 L_0=99 億 1600 萬光年，這是從三度空間所觀察到的結果。將此 L_0 代入 (19.10) 式中，我們得到 L=22.3285 光年，這是星艦在四

度時空中的實際飛行距離。當星艦的速度越接近光速，四度時空的捷徑效應越明顯，越能帶領我們衝破三度空間的距離障礙。

　　以上是星際旅行指南-《相對論》，提供給我們的飛行前簡報。現在就讓我們啟動企業號星艦，來一趟跨越宇宙的星際奇航。

圖 19.4。企業號艦橋後側電腦有五個工作站：科學站 1、科學站 2、維生系統站、工程站、任務計畫站。圖片來源： http://photo.pchome.com.tw/zou0621/ 130966342280。

・ 星艦日誌第 1 年

　　度過星艦內的第 1 年，地球上已過 1.2 年，此期間星艦飛越 0.56 光年的距離，而星艦的速度達到光速的 77％（參見表 19.1）。星艦時間第 2 年結束時，地球上的人類已渡過 3.8 年，星

艦已航行 2.91 光年，星艦的速度則已達光速的 97％。這前面二
年的飛行主要是星艦加速到接近光速的過程，航艦窗外則是一片
真空死寂，行程較為無聊。目前我們還沒有遇到任何星球。連星
際航行的第一停靠站-比鄰星（半人馬座阿爾法星C），都尚未到達。

- ### 星艦日誌第 3 年

　　當我們在星艦上渡過第三個年頭時，星艦已經越過半人馬座
阿爾法星、巴納德星，來到距離太陽系 9.77 光年的地方。在這
個半徑範圍之內，星艦已經通過距太陽 10 光年之內的 7 顆恆星，
如圖 10.1 所示。此外有二顆恆星，天苑四（波江座 ε 星，10.8
光年）及天蒼五（鯨魚座 τ 星，11.8 光年），也正接近之中。早
在 1960 年代，美國國立電波天文臺的德瑞克博士所主持的『歐
茲瑪計畫』[1] 就曾經針對這二顆恆星搜尋知性訊號。

　　天苑四（ Epsilon Eridani）距離地球 10.5 光年，即大約 63 萬
億英里，在地球上用肉眼就能看見。它位於北部天空獵戶座附

---

1. 奧茲瑪計畫是康乃爾大學的天文學家法蘭克‧ 德雷克，於 1960 年在美國國家無
線電天文台使用位於西維吉尼亞的綠堤電波望遠鏡所從事的早期搜尋地外文明計劃
（SETI），實驗的目的是通過無線電波搜尋鄰近太陽系的生物標誌信號。這個計畫
後來以虛構的奧茲國統治者奧茲瑪女王來命名，靈感則來自無線電廣播李曼‧ 法蘭
克‧ 鮑姆出版綠野仙蹤這本書中虛構的翡翠城。德雷克使用直徑 85 英尺的電波望
遠鏡，以頻率 1.420G 赫茲的電波觀察天苑四和天倉五，這兩顆都是在太陽系附近，
並且似乎是有適於生物居住的行星。（中文維基百科）

近的波江座 (Eridanus) 內，這個星座是根據神話中一條河的名字命名的。天苑四比我們的太陽年輕的多，它大約只有 8.5 億歲，而我們的太陽系已經有 45 億歲。天苑四稍微比太陽小一些，溫度更低一些。最新的天文觀測資料顯示，至少有 1 到 3 顆行星圍繞著恆星天苑四運行。當企業號星艦經過天苑四恆星時，我們已發射無人探測船登陸它的行星，勘查可能存在的智慧生命。

圖 19.5 星艦日誌第 3 年，企業號經過天苑四恆星，發現它有顆巨大的行星，其上可能存在有生命跡象。圖片來源： http://tw.aboluowang.com/news/ 2006/1017/17260.html。

UFO

• 星艦日誌第 5 年

　　　　企業號星艦內的生活環境相當舒適，提供了和地球一模一樣的工作和休閒空間。圖 19.6 顯示星艦內的船員起居室，如果不看窗外近在咫尺的繁星點點，它實在和地球上的家居生活沒有兩樣。星艦上有先進的醫學自動掃描診斷設備，以及細胞 DNA 快速自動修復系統，讓病人能夠快速康復（參見圖 19.7）。星艦內的活動空間畢竟有限，無法像在地球一般，上山下海，遊山玩水。但是人的視覺是很容易被蒙騙的，星艦上的 3D 全息（全像術，Holography）仿真系統，可以瞬間切換到地球上的任意場景，神秘花園裡的萬紫千紅（參見圖 19.8），蒼鬱森林裡的奇花異獸，大海裡的水族世界，都能讓乘客如臨實境，樂不思蜀。

　　　　適應了星艦上的生活後，時間過得很快，我們已經來到星艦日誌第 5 年，地球日誌第 84 年，聯邦星艦企業號加速到 0.9999 倍光速，已飛離本太陽系 84 光年，中間穿越過好幾千個恆星。這是一個特殊的時間點，因為根據時間膨脹效應的計算公式，如果企業號維持這樣的速度，則星艦 1 年剛好是地球人間 100 年。當然企業號還是不對地在加速中，所以時間膨脹效應只會越來越嚴重。

圖 19.6 聯邦星艦企業號 NCC-1701-D 航員起居室。圖片來源： http:// photo.pchome.com.tw/ zou0621/130966393219。

• 星艦日誌第 11 年

　　太陽系離本銀河系的中心約有 26000 光年的距離（參見圖 19.7），我們對照一下表 19.1 中企業號星艦的飛行距離和經歷時間的關係，可以發現在旅行滿 10 年後，星艦飛行 14730 光年，約為到達銀河中心的中途點。如果我們的目的是在本銀河系的中心，此時就要開始減速，並將星艦做 180 度的倒轉，使得尾朝前，頭向後，以便讓在艦內的太空人仍能感受到一個 g 的『加速度』（實際上應是減速度，不過因為頭尾顛倒，所以太空人仍感覺是加速度），如此才能避免因星艦的減速而破壞太空人的生活環境。但是我們的目的地在宇宙的邊緣，不在本銀河系中心，因此在 10 年末仍以一個 g 的加速度向無際的太空衝刺，不下達減速的命令。

圖 19.7 聯邦星艦企業號 NCC-1701-D 的醫療室。圖片來源： http:// photo.pchome.com.tw/ zou0621/130966349754。

圖 19.8 星艦上的 3D 全息仿真系統，可以瞬間切換到地球上的任意場景，讓人進入滿佈奇花異草的神祕花園。圖片來源：《誅仙 2‧新世界》3D 全息劇照 http://news.17173.com/content/2010-06-04/20100604105240 9911.shtml。

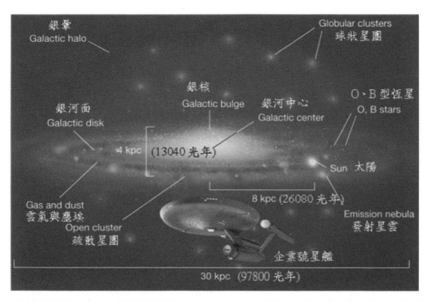

圖 19.7 星艦日誌第 10 年，星艦飛行了 14730 光年，來到銀河中心與太陽系的中途。圖片來源 http://www.gettao.com/bbs/viewthread.php?tid= 25457。

　　由於星艦的速度越來越快，星艦在第 11 年的這一年中，總共飛行了 41360-14730=26630(光年)；也就是說在這一年內，星艦所飛行的距離超過它在第 1 年到第 10 年間飛行距離的總和。而且第 11 年末，星艦已飛離本銀河系的中心，續向其他銀河邁進。

　　企業號原本的規劃航道是要通過銀河正中心，但在接近銀河中心數十光年之處，也就是在靠近人馬座 A* 的外圍區域，企業號突然遭遇到非常強大的重力所吸引，在反向引擎全開的抵抗下，

才逃脫被吸入的命運。企業號星艦上的電腦分析了強大重力的來源，發現此重力源出自人馬座 A*。企業號星艦測量到人馬座 A* 的直徑約有 1.5 億公里，質量卻有 400 萬個太陽那麼大，顯示出它的質量密度是任何已知黑洞密度的 1 兆倍以上。原來人馬座 A* 是一個超大質量黑洞，而它就位於本銀河的中心。

這是人類的星艦第一次以這麼近的距離觀察黑洞。實際上位在銀河系中心的人馬座 A* 是離地球最近的黑洞，被公認是研究黑洞物理的最佳目標。在一般人印象中，黑洞只是「重力極強，連光都跑不出來」的天體，但在天文學家心目中，它是研究其他活躍星系的樣本。

圖 19.8 位在銀河系中心的人馬座 A* 是離地球最近的黑洞，企業號星艦一度太過接近，強大的重力差一點將星艦吸入。圖片來源：http://it.sohu.com/ 20120913/n353033808.shtml。

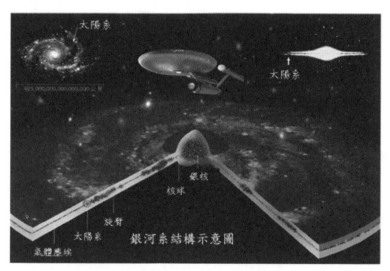

圖 19.9 星艦日誌第 12 年，星艦距太陽系 116247 光年，已經完全脫離本銀河系的範圍。從星艦上可以看到整個銀河系的輪廓。圖片來源：http：//amuseum.cdstm.cn/AMuseum/universe/galaxy_milkyway _form.html。

• 星艦日誌第 12 年

　　星艦第 12 年，我們已遠離太陽系 11 萬 6247 光年，並且完全脫離本銀河系的範圍。這時我們從星艦往後看，可以看到整個銀河系的輪廓（參見圖 19.9）。它就像一個巨型圓盤，直徑約 10 萬光年，包含二千億顆恆星。中心部份是星球緊密集中而成的透鏡狀核心，並由核球伸出巨大旋渦，稱之為『旋臂』，其上下均可見到沸騰般噴出的高溫氣體。

　　這麼壯觀的景像，是人類有始以來第一次從銀河系的外面看

到我們所在的銀河系是長得像什麼樣子，這就好像在人造衛星還沒有發明前，人類無法跳出地球外，看清楚地球的外形輪廓一樣。星艦內的我們看到此一壯觀的銀河景像，同時將景像化成數位資料傳回地球，希望地球人也能一睹銀河系的輪廓。

　　將資料傳回地球不是難事，但是我們疏忽了一個關鍵的地方，星艦時間第 12 年，地球時間已經過了 11 萬 6100 年（參閱表 19.1），而且星艦距離太陽系 11 萬 6100 光年，數位資料是以電磁波的方式傳回地球，電磁波的傳播速度等於光速，因此現在我們把圖片資料傳回地球，需要再花 11 萬 6100 年的時間才會到達。所以當銀河系的輪廓照片傳回地球時，已經是企業號星艦離開地球後的 23 萬 2100 年，但是這時地球上的人類是否還存在？或是因冰河期的再次來臨，人類已完全絕跡？或者是人類的科技已完全克服自然界的災難，而進化為宇宙人？所以我們所傳回的圖像資料，地球人是否能收到，還是一個未定之數。

• 星艦日誌第 14 年

　　星艦內時間第 13 年到第 14 年的二年間，星艦穿越了離本銀河系最接近的二個銀河系（即星系），大小麥哲倫雲系。『大麥哲

倫雲系』其質量只有本銀河系的十分之一，其附近還有『小麥哲倫雲系』，大小麥哲倫雲系互相環繞對方運行，並以十億年一周的速度環繞本銀河系。大小麥哲倫雲系受太空中黑暗物質的重力影響，而逐漸減速，據估計十億年後將會掉進銀河系裡。

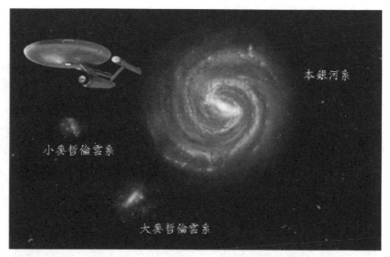

圖 19.10 星艦日誌第 13 年到第 14 年的二年間，星艦穿越了離本銀河系最接近的兩個星系，大小麥哲倫雲系。圖片來源： www.uux.cn/ viewnews-30374.html 。

• 星艦日誌第 15 年

　　穿越大小麥哲倫雲系後，星艦繼續向外太空奔馳，在星艦時間第 15 年，來到距銀河系 230 萬光年的仙女座星系 (M31)。仙女座是一美麗的旋渦星系，其大小和本銀河系差不多，可以看到中

心的核球和圓盤上的漩臂。仙女座星系與銀河系之間由於重力作用，正以每秒 100 公里的速度相互接近中。在仙女座和本銀河系的周圍，圍繞著若干星系成群運動，此即構成本星系群（local group galaxies）。本星系群擁有 30 個以上的星系（本銀河系是其中的一個星系），其分佈區域大約廣達百萬秒差距 ，約合 326 萬光年。

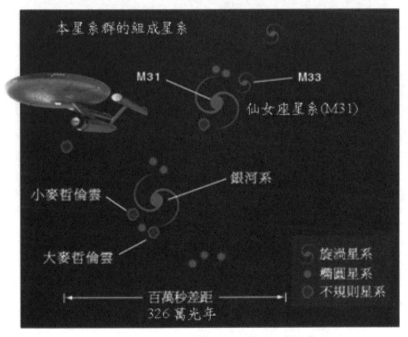

圖 19.11 星艦時間第 15 年，企業號來到距銀河系 230 萬光年的仙女座星系（M31）。本星系群是由 30 個以上的星系所組成，其中仙女座與本銀河系是最大的兩個星系。圖片來源 http://www.lcsd.gov.hk/CE/Museum/Space/Education Resource/Universe/framed_c/lecture/ch19/ch19.html。

- ## 星艦日誌第 16 年

　　星艦日誌第 16 年，宇宙號星艦飛離銀河系約 700 萬光年，所在位置是漩渦星系 NGC300，它具有小型核心，並由此伸出旋臂。太空人可以觀測到此星系的中心部分正不斷地產生新星球，耀眼的超新星爆炸光芒，讓太空人的眼睛無法直視。

圖 19.12 星艦日誌第 16 年，企業號星艦飛離銀河系約 700 萬光年，所在位置是漩渦星系 NGC300。圖片來源 http://content.edu.tw/senior/earth/tp_ml/stu/106_7/ galaxypic2.htm。

- ## 星艦日誌第 17 年

　　星艦日誌第 17 年，上半年星艦穿越一千六百萬光年遠的

M83 星系，我們觀測到此星系擁有兩股旋臂的巨大旋轉焰火；下半年則通過旋渦星系 M104。這個星系的外形看起來，就如同它的名稱：寬邊帽 (Sombrero) 星系。此星系的赤道面上積存有可當做星艦燃料的黑色星際氣體，企業號越過此星系的期間，也吸取了足夠的燃料，為後續的長程飛行預做準備。

• 星艦日誌第 18 年

　　星艦日誌第 18 年，企業號星艦飛離銀河系五千七百萬光年，來到了室女座星系團 (Virgo Cluster)。室女座星系團和本星系群，以及另外若干星系群組成半徑一億五千萬光年之巨大的『本星系超集團』(Local Supercluster)，又稱為室女座星系超集團。宇宙中除了本星系超集團之外，還有后髮座星系超集團、雙魚座星系超集團等大型集團。本星系群正以每秒 300 公里的速度向室女座星系團方向移動；而室女座星系團中之星系，正以每秒一千公里的高速逐漸掉進星系團中心，導致室女座星系團中心的星系密度很高。從企業號往外看，我們觀測到了星系相撞、合併的現象。

• 星艦日誌第 19 年

　　星艦日誌第 19 年，企業號星艦和本銀河系距離打破 1 億光

年大關。我們飛越過的宇宙結構愈來愈大。在距離地球 3 億光年處，我們見證了由星系超集團連成的泡沫狀的巨大組織，稱之為宇宙大規模構造。原來星系在太空中的分佈不是均勻的，有些地方星系的密度非常高，另外也有些領域則幾乎沒有星系的存在。星系密度很高的領域，星系集中的樣子就像一面牆，稱為巨牆結構（great wall），牆內部看似結實，牆外卻是一片空蕩蕩（參見圖 19.13b）。

星艦日誌第 19 年的後半年，星艦到達約 4 億光年的地方，我們進一步發現星系集中的領域原來是很有規律地交錯排列著，排列的樣子很像牧場規則排列的柵欄，柵欄間之距離約 4 億光年，可以稱之為星系柵欄（參見圖 19.13a）。

圖 19.13c 顯示巨牆結構的局部放大圖，約含 1000 萬光年範圍內的星系；圖中每一個點並不是星星，而是如同我們銀河系一般巨大的星系。圖 19.13d 涵蓋範圍約 300 萬光年，顯示出本地星系群大概的樣子。本星系群是大約由 30 個星系組成的小星系團，沒有中心成員，但是其中兩個體積和質量最大的星系，即我們的銀河系和仙女座大星雲。大小僅次於它們的是 M33 號旋渦星系和大麥哲倫雲。本星系群的其他成員則是一些小的、亮度很弱的橢圓星系或不規則星系。

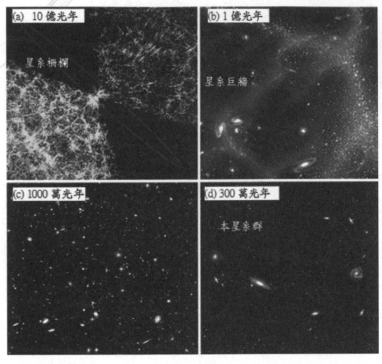

圖 19.13 （a）星系柵欄結構，（b）星系巨牆結構，（c）巨牆結構的局部放大圖，圖中每一個點並不是星星，而是如同我們銀河系一般巨大的星系，（d）涵蓋範圍約 300 萬光年，顯示出本地星系群大概的樣子。圖片取材自網址 http://blog.xuite.net/puda.chu/index/5633649。

• 星艦日誌第 20 年

　　星艦日誌第 20 年到 22 年的二年間，企業號星艦飛行距離由 10 億光年逐漸增加到 100 億光年，在這段遙遠的太空空間之內，就是地球上所觀測到的『似星體』分佈的地方。似星體的真相長久

以來一直撲朔迷離。它看起來是個星球狀的小星體，但它的亮度卻是普通星系的一萬倍以上，並且持續、強烈地放射出能量極大的紫外線、Ｘ光、電波等。如此龐大的能量，不可能是一般星球所能製造出來的，因此科學家推測似星體是個特異的星系。現在我們正通過似星體分佈的區域，可以仔細端詳一下似星體的真正面貌。

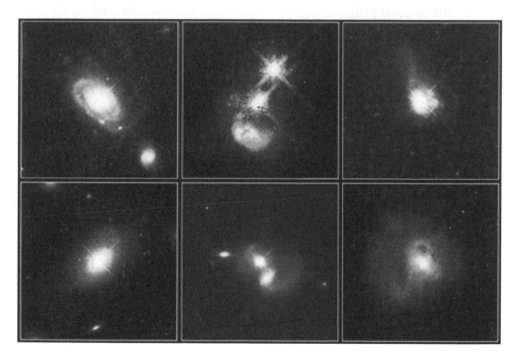

圖 19.14 由哈伯太空望遠鏡所提供的似星體影像中，可以清楚地看到它們具有像亮星一樣的繞射十字星芒。中間與右邊兩行的影像，透露出似星體與星系的碰撞與合併有關。圖片來源 http://www.qznow.com/simple/?t2393.html。

　　似星體為何能發出這麼巨大的能量？這些能量是從何而來呢？我們觀察到似星體的中心有一個巨大的黑洞，它將大量掉入的氣體、塵埃與星球轉換成巨大的能量。圖 19.14 是由哈伯太空望遠鏡所提供的似星體影像，可以清楚地看到它們具有像亮星一樣的繞射十字星芒。中間與右邊兩行的影像，透露出似星體與星系的碰撞與合併有關。那是因為星系碰撞時所產生的大量殘渣，剛好可以用來餵食饑餓的黑洞。

・星艦日誌第 23 年

　　星艦日誌第 23 年，星艦飛行距離破百億大關。回想 23 年前乘客搭乘宇宙號星艦從地球出發遠征時，還是一位翩翩美少年，如今已是髮鬢半白、小腹微凸的中年人了。如果把宇宙的邊緣定在 200 億光年的地方，則到第 23 年末，星艦算是到達宇宙邊緣的中途站。

・星艦日誌第 24 年

　　星艦日誌第 24 年，星艦開始以一個 g 減速，並將船艙方向做 180 度的對調，並估計再經 23 年後，星艦停在距離太陽系 200 億光年處的宇宙。算一算，從地球出發，穿越 200 億光年的太空，

星艦來到這宇宙的邊緣，總共花了 46 年的時間。不過能以有限的生命，穿越整個大宇宙的範圍，親眼目睹各種宇宙神秘現象的發生，也已不虛此行了。

• 星艦日誌第 47 年

星艦日誌第 47 年，地球時間第 200 億年，星艦在距地球 200 億光年的宇宙邊緣處，做短暫的停留觀測後，開始沿原來的路往回走。第一代太空人已 60 多歲，星艦內的所有工作已全部移交給第二代太空人。第二代太空人全部都是在星艦上出生的，他們非常期待能夠再回到人類的老家 - 地球。不過他們很擔心，當他們回到太陽系時。地球是否還存在？因現在所在的位置是距地球 200 億光年的地方，星艦回到地球需時 46 年，地球同時再經歷了另一個 200 億年。

• 星艦日誌第 96 年

星艦日誌第 96 年，地球時間第 400 億年，企業號星艦回到本銀河系，第三代太空人已接近 80 歲，星艦工作移交給第三代太空人。第三代太空人在尋找他們祖父母口中念念不忘的太陽系和地球，但他們可能永遠也找不到了。400 億年時間已經超過

了地球存在的壽命，地球，太陽系，甚或銀河系早已不存在，取而代之的是新的太陽系、新的銀河系。當然，在新的太陽系中可能出現新的生命型態，但也絕不是第一代太空人所念念不忘的地球人了。

對於第一代太空人而言（如果他們還活著的話，應有 110 歲了），看到太陽系、地球的消失死亡，他們心中有著嚴重的失落感，猶如失了根的蘭花；但對於第二代、第三代的太空人而言，星艦就是他們的家，從出生以來就是在星艦上生活、工作，地球對他們而言，只是千萬個星系中的一個小行星。地球的消失是再自然不過的事情了，有什麼好失落、悲傷的呢？

星際超級航艦
地球

　　在上一單元中我們介紹了星際旅行的可行性。利用時間延緩效應，以接近光速飛行的星艦花了 46 年的時間從地球出發穿越了二百億光年的浩瀚太空來到宇宙的邊緣（當然因為宇宙不斷在膨脹，嚴格來講，並無真正的宇宙邊緣存在）。因此以人類短暫的生命，遍遊全宇宙，實乃非難事，只要人類可以發展出接近光速的反物質或核聚變推進引擎。

　　在前面的討論中，我們也隱約感覺到一件很有趣的事情 -- 『回到未來』。星艦日誌第 96 年，當星艦又回到地球時（假設地球仍存在），所看到的地球是已經演化四百億年後的地球了。也就是說，星艦花了 96 年的時間進入四百億年後的地球世界，如果那時地球還存在的話，大概也是垂死的冷寂星球。星艦上的太空人若想見見他們地球上的親人，可就要大失所望了。我

們又提到對於星艦上的第二代及第三代太空人而言，星艦就是他們的家，就是他們心中的地球；第一代太空人心中所眷念的地球，對第二代、第三代太空人而言，只不過是一顆普通的行星罷了！

　　企業號星艦要能在太空中旅行幾十年，甚至上百年的時間，可想而知，它要非常地大，能讓太空人世世代代在裡面生活，因此它至少要包含下面的設施與功能：

1. 要有源源不斷的氧氣供應。

2. 需能培育各種不一樣的蔬菜、水果以提供均衡的營養。

3. 要有取之不竭的水源。

4. 要有足夠的金屬礦藏，提供星艦本體結構的修補及各儀器設備的換新。

5. 要有足夠的防護能力抵抗宇宙輻射線的侵襲，以及隕石的碰撞。

6. 要有足夠的光源。

7. 要有源源不斷的能量供應，除了提供星艦本身的動力外，星艦內的各種交通運輸，日常生活、娛樂等也需要持續的電力供應。

圖 20.1 地球是一艘巨無霸星艦，大氣層就是它的防護罩。人類生活在地球上，隨著地球在宇宙太空中飛行，是名符其實的太空人。圖片來源 http://fun-zone.ro/planete.html。

以上所列七個要求只是最主要的，另外還有許許多多次要的要求。因此要製造一艘能長久在太空中飛行的星艦實非容易。不過讓我們很驚訝的一件事情是，實際上滿足上述七大條件的巨大星艦早已建好，而且已載著人類在太空中飛行了幾萬年，它是什麼呢？沒有錯，這艘巨無霸星艦就是地球。地球這艘星艦是設計得這麼巧妙，可以說是天衣無縫。

人生活在地球上，而地球是在宇宙太空中飛行，稱人類為太

空人是一點也不牽強的。為了要抵抗宇宙輻射線的侵襲以及隕石的碰撞，地球號星艦的設計者製造了濃厚的大氣層以保護地球；為了讓地球號星艦內的太空人得到充份的光線，地球號星艦的設計者製造了一個持久不滅的光源 -- 太陽；為了讓地球號星艦內的太空人有持續不斷的水份供應，設計者挖了巨大的水池儲存了大量的水 -- 海洋；為了提供太空人均衡的營養，設計者在地球號星艦內培育了各式各樣的植物，繁殖了各種動物；為了提供太空人在星艦內交通運輸所需要的能源，設計者在星

圖 20.2 地球星艦上的海洋資源與綠色資源提供星艦上的太空人 - 人類，世世代代的生活所需。圖片來源 http://www.nipic.com/suijie26。

圖 20.3 人類渴望太空探索，渴望接觸來自外太空的朋友，正如候鳥南遷的訊息一般，一代傳一代，在人類的身上不停地發生著。圖片來源 http://www.bbzhi.com/chahuabizhi/yuzhoutansuotaikongyuhangtiancgchahuaer/ down_58563_8.htm。

艦內預藏了大量的石油、天然氣等礦產。

地球號星艦設計得幾乎是完美，星艦內的環境可維持幾萬年而幾乎保持不變。星艦內的太空人一代傳一代。雖然第一代太空人所要完成的太空旅行任務，已漸被遺忘，但這個太空任務似乎也不是藉口傳留給下一代的太空人，地球號星艦的飛行路徑早已被鎖定，依循某一特殊橢圓軌道圍繞太陽而轉，太陽又

繞銀河中心而轉，銀河中心又繞本星系群而轉，一層擴大至一層，沒有終止。地球運行的軌道靠由自然界的重力定律巧妙地被鎖定，什麼時間該運行到什麼地方，似早有安排。雖然地球號星艦上的太空人由於文明的進展、知識的累積，漸漸明瞭星艦（即地球）在太空中的運動規律，但也僅止於明瞭的階段，而無法去改變已設定好的自然規律。

如果將地球比擬為航行於浩瀚宇宙中的巨大星艦。那麼我們為何未曾聽說有關地球這艘星艦的太空任務呢？其實如果太空任務是用語言或文字一代傳一代的話，那可就不確實了，而且可能變成一種傳說，以訛傳訛。如果你是地球號星艦的設計者，你如何讓星艦的太空任務在太空人的身上一代、一代傳下去，幾萬年都正確無誤地傳下去呢？最可靠的方法就是把任務的密碼藏在太空人的遺傳因子 DNA 上。

人類隨著文明的進展，從登陸月球，登陸火星，探索外行星，甚至無人太空船的飛離太陽系，正一步步地進行在我們人類遺傳中所隱藏的太空夢想。當我們抬頭仰望天際，對浩瀚太空總有一份說不出的期待與好奇，很沒有來由地，總有一股衝動想要去探究它。這份對太空的神秘感情，不分種族，不分年代，

深深地烙印在人類的內心深處 --DNA 的遺傳因子。這正猶如一種北方的候鳥，當冬天快來臨時，會成群結隊地往南避寒，牠們飛越數萬公里，準時而且正確地飛到一個牠們未曾到過的南方小島。這個小島是牠們的祖先每年避寒、繁衍下一代的地方。候鳥如何知道牠們的飛行目的在那裡呢？候鳥如何飛行數萬公里而不會迷失方向呢？候鳥如何把訊息正確地一代傳一代呢？

　　有關候鳥南遷的一些疑問，科學家至今還不十分地清楚，但可以確定的是南遷時的目的地及飛行路徑極有可能是以遺傳因子的型式記錄下來。人類的太空任務何嘗不是如此呢？人類 - 地球號星艦上的太空人，雖然有時會因生活上的一些瑣事，忘了自己是乘著地球這巨大星艦，在浩瀚的宇宙中遨遊的太空人；也許是地球號星艦的防護罩 - 大氣層，設計得太好，讓太空人不用著太空裝，就可以在地球號星艦上自由地活動，因而讓地球星艦上的人類忘記了自己是一艘巨大星艦上的太空人。但人類遺傳因子中所隱藏的太空任務密碼是永不會消失的。人類渴望太空的探索，渴望看一下來自外太空的朋友，正如候鳥南遷的訊息一般，一代傳一代，在人類的身上不停地發生著。

外星人與
現代人類的起源

　　人類遺傳因子似乎隱藏著某種太空任務密碼，正如候鳥南遷的訊息一般，一代傳一代，不停地驅使人類進行太空探索，尋找外星生命，不時地提醒著人們，太空才是我們的終極故鄉。遺傳因子內所隱藏的這股『想飛』的訊息，會不會源自那古老神話的傳說：人們是從那遙遠天空的某顆星星，下凡來到了人間？這不完全是揣測，佛經與聖經都不約而同地有類似的記載。

　　《增一阿含經》中提到，地球初成時，有光音天[1]上的天眾男女，因天福享盡，以神足飛行，先後來到地球。見地上有甘泉湧出，美如酥蜜，人人貪食而致身體粗重下沉，著地而行。原本靈妙幻化之身，漸漸形成了物質的骨肉軀體，於是失去了神足，也失去了自然天衣，不得再飛騰空中，更不能再回到天

1.佛教的天有 28 層，由下而上分別為欲界 6 天，色界 18 天，無色界 4 天。其中色界的 18 天包含初禪 3 天、二禪 3 天、三禪 3 天、四禪 9 天。而光音天正是二禪 3 天裡的第三天。

光音天人

圖 21.1 《增一阿含經》記載，地球人是由光音天的天眾男女轉化而來。圖片來源 http://yestw.pixnet.net/blog/post/56561986。

上。於是成了世間的凡人，在地球上住了下來（參見圖 21.1）。所以從佛經的觀點來看，我們是由天外生命轉化而來，天外還有我們的故鄉。

　　從科學的觀點而言，地球是一艘製造得完美無缺的太空航行器，這艘航行器可以自給自足，提供數十億太空人之生活所需，若能珍惜使用，至少達數百萬年之久而不虞匱乏。那麼這樣一艘完美無缺的宇宙星艦是誰製造的呢？這星艦上的太空人（地球人）是誰放進去的呢？

　　這是一個很有趣的問題，宗教界和科學界各有不同的看法。剛才分析了佛經的看法，再來看聖經怎麼說。《聖經－創世紀》對於地球號星艦及其上太空人的製造流程描述得很清楚：

1. 第一天使星艦內有白天和晚上的週期變化。

2. 第二天製造空氣和水。

3. 第三天製造大水池（海洋）與陸地，海洋用以儲存水；陸地用以生長青草、蔬菜和果樹。

4. 第四天製造星艦內的照明設備。太陽是白天用的照明設備，月亮是晚上用的照明設備。

5. 第五天製造水中的魚蝦及空氣中的飛鳥，並使牠們滋生繁衍。

6. 製造星艦內的太空人，使他們管理星艦內的事務。

　　舊約聖經把地球號星艦及其太空人的製造者稱做上帝（參見圖21.2）。上帝不僅製造了星艦（地球）及星艦上的太空人（地球上的人類），當太空人的行為有所偏差時，上帝也會適時的給予啟示，甚至派他的獨生子來到星艦上，教導太空人。

　　對於人類的起源，科學界的看法與宗教的看法有所不同。達

圖 21.2 舊約聖經記載，地球以及其上的生命是由上帝所創造。圖片來源 www.fuyinchina.com。

爾文的進化論認為地球及其上的所有動植礦物，包括人類，均是
由最單純的粒子開始演化，從單細胞到多細胞，從低等生物到高
等生物，滿足物競天擇，適者生存的自然律而慢慢演化而來的。
從各地的出土文物及考古的研究來看，對於地球號星艦及人類的
形成，較傾向於達爾文『進化論』的說法，而佛經的『天人下凡』
論或聖經的『創造』論，表面上看起來和考古學的發現偏差較大。

　　雖然如此，進化論的觀點目前也受到相當大的考驗，問題
出在人類的演化史上出現了一段空白，至今仍然無法解釋。因

為考古學家發現從十萬年前的尼安德塔人（Neanderthal），到三萬
五千年前的克羅馬儂人（Cro-Magnon）之間找不到明顯的人類演化
證據。克羅馬儂人和現代人幾乎沒有兩樣，但因克羅馬儂人是
否從更早期的智人演化而來，現仍缺乏有力的證據，導致現代
人類的起源也有了爭議。

圖 21.3 尼安德塔人與克羅馬儂人之間的演化斷層，導致現代人類起源的爭議，有一派的説法
是外星人是現代人類的祖先。圖片來源：http://wiki. jlpzj.net/view/File：Neanderthal_%27s_
World_screen1.jpg。

尼安德塔人是史上最成功的人種之一，他們憑藉著驚人的環境適應力，克服冰河時期嚴寒的極地氣候，主宰歐洲長達 25 萬年之久。直到三萬五千年前，克羅馬儂人長驅直入歐洲，喧賓奪主，並在 3 萬年前將歐洲原住民尼安德塔人逼入滅亡絕境。

生存了 25 萬年之久的尼安德塔人為何沒能演化成現代人？Discovery 頻道曾經在 2001 年製作一個專輯（參見圖 21.3），探討環境適應力較差的克羅馬儂人為何能成為新的地球主宰，並提出兩個主要關鍵點，其一為他們的思考能力比尼安德塔人來得高明，其二是他們豐富的語言文化使其在溝通上佔了較大的優勢。

克羅馬儂人的考古發現是在 1868 年 3 月，地質學家路易‧拉爾泰（Louis Lartet）在法國多爾多涅省埃齊耶（Les Eyzies）的克羅馬儂石窟裡挖掘到 5 具骨骼遺骸。其中的模式標本是一顆顱骨，被命名為「克羅馬儂 1 號」。這些骨骼與現代人類擁有相同特徵，包括較高的前額、直挺的姿態，以及纖細的骨架。之後在歐洲其他地區以及中東，也發現了相同特徵的標本。根據遺傳學的研究，克羅馬儂人可能源自非洲東部，經過了南亞、中亞、中東來到了歐洲。克羅馬儂人在法國，德國，西斑牙等國

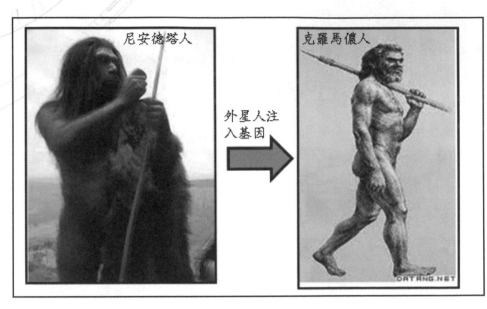

圖 21.4 尼安德塔人與克羅馬儂人之間的演化斷層，導致現代人類起源的爭議，有一派的說法是外星人是現代人類的祖先。圖片來源：http://english. turkcebilgi.com/caveman。

留下大量史前岩畫同，表示他們具有一定水準的藝術水平[2]。

尼安德塔人（10 萬年前）與克羅馬儂人（3 萬 5 千年前）雖都各自留下了豐富的考古紀錄，但是介於他們之間的數萬年演化歷程卻一直無法釐清。克羅馬儂人標示著現代人類行為模式演化的起點，但這種行為模式與尼安德塔人之類的智人完全不同，它是如何產生的呢？有一派的學者認為現代人類行為模式的誕生

---

2. 中文維基百科，條目《克羅馬儂人》。

關鍵在於基因變異，認定人類創造力是突然出現於歐洲的克羅馬儂人，而非逐漸演化來的。

突變的說法獲得外星人學派的支持，他們進一步推論克羅馬儂人跳躍性的演化是源自外星人參與的結果。這一派的學者認為克羅馬儂人是外星人以先進的基因工程技術在地球上所培育出來的人種（參見圖 21.4）。他們的論點是根據人類最早的文字『書末文』（Sumer）的記載而來的。

書末文根據歷史學家的推算，應在西元前三千四百年左右即已出現。書末文記載著五千年前美索不達米亞的文物事蹟，現已出土的書末文是寫在黏土片上的，估計已經出土的黏土片大約有二十五萬個，其中百分之九十五是廟堂記錄、法院記錄、行政記錄及商務記錄等。而剩下的百分之五是關於文藝詩詞作品，在這些作品裡面有許多提到神類造人的故事。

研究書末文的專家西秦[3]指出，按書末文的字義，神類所指的即是來自天空的人。他更進一步引用書末文的記載，指出外星人曾在地球進行採礦的工作，由於採礦需要大量的勞力，而當時的地球上已有原始猿人（應指尼安德塔人）在活動，因此外

---

3. 張瑞夫，人是上帝造的嗎？老古文化，1992 年。

星人即採集原始猿人的精子，將之置於女外星人的體內使之受胎，因而生產了大量的『人』來參加採礦的工作。後來人類繁衍眾多，反而使外星人感到困擾，他們於是融化了冰山造成大水，以便消滅一些人類。

研究聖經來源的學者發現舊約聖經的內容主要源自美索不達米亞的傳說記載，因此若西秦的考證與推斷正確的話，創世紀中所提到的上帝造人及挪亞方舟的事蹟，所指的應是外星人造人類及融化冰山造成洪水淹滅人類的書末文記載。

外星人將遺傳基因注入尼安德塔猿人中，而產生新的人類品種 -- 克羅馬儂人，確實是一個很好的解釋說明，為何尼安德塔人和克羅馬儂人間會有進化上的斷層。不過因為書末文的出土黏土片大多殘破不全，造成解讀上很大的困難，因此西秦所做有關外星人造人類的推斷是否完全正確還待進一步的考古挖掘工作。

另外一派的學者則認為『基因突變導致現代人類產生』的理論過於簡化，而且證據薄弱。他們轉而向克羅馬儂人的老家非洲尋找答案。西元 2000 年，美國康乃狄克大學（University of Connecticut）的麥克布瑞爾提博士與喬治華盛頓大學 (The George

Washington University）的布魯克斯博士合寫的一份研究報告指出，非洲近年來發掘出的許多考古文物顯示，現代人類行為模式並非突如其來地發生，而是由散佈在廣闊時空的多處遺址中逐漸累積，然後再傳送至世界其他地區。也就是說，之前所認為的十萬年前到四萬年前的人類演化斷層，目前已經在非洲及亞洲地區挖掘到相關的人類遺跡。這些出土的文物顯示，人類創造性與象徵性的思維應該是在許多地區逐步演化出來，而不是由基因變異突然地在單一地區出現。

　　2010 年 5 月 7 日的《科學》期刊 上，發表了一篇德國萊比錫馬克士普朗克演化人類學研究所的最新考證結果，指出今日居住在非洲以外的人類，體內有 4% 的 DNA 是來自尼安德塔人，亦即歐洲人與亞洲人都是尼安德塔人與早期智人混血繁衍的後代。這一考證結果是從克羅埃西亞文狄甲洞穴出土的三根 3 萬 8000 年前的尼安德塔人骨頭化石中，取得 DNA 並建立了第一個尼安德塔人基因組草圖，它大約是尼安德塔人完整基因組序列的 60%。透過這一基因排序技術，填補了現代人類與尼安德塔人間的演化斷層，也間接否定了現代人類完全是由克羅馬儂人演化而來的說法。

國家圖書館出版品預行編目 (CIP) 資料

假飛碟才是真科學 / 楊憲東著 . -- 第一版 . -- 臺北市：樂
果文化出版：紅螞蟻圖書發行 , 2013.09
　　面；　公分 . -- (樂科學；3)
　　ISBN 978-986-5983-47-5(平裝)

1. 科學 2. 不明飛行體 3. 通俗作品

307.9　　　　　　　　　　　　　　　102016299

樂科學 3

假飛碟才是真科學

作　　　　者	／	楊憲東
總　編　輯	／	何南輝
行 銷 企 劃	／	張雅婷
封 面 設 計	／	鄭年亨
內 頁 設 計	／	Christ's Office

出　　　　版	／	樂果文化事業有限公司
讀 者 服 務 專 線	／	（02）2795-3656
劃 撥 帳 號	／	50118837 號　樂果文化事業有限公司
印 刷 廠	／	卡樂彩色製版印刷有限公司
總 經 銷	／	紅螞蟻圖書有限公司
地　　　　址	／	台北市內湖區舊宗路二段 121 巷 19 號 (紅螞蟻資訊大樓)
		電話：（02）2795-3656
		傳真：（02）2795-4100

2013 年 9 月第一版　　定價／ 280 元　ISBN 978-986-5983-47-5
※ 本書如有缺頁、破損、裝訂錯誤，請寄回本公司調換